# 给孩子的
## 第一本数学思维
# 启蒙书

陈伊平◎著

U0206352

北京大学出版社
PEKING UNIVERSITY PRESS

# 内 容 提 要

本书以数学游戏为基础，以培养孩子逻辑思维能力为目的，将数学与逻辑思维启蒙所需的知识点融入游戏之中，以孩子乐于接受的游戏形式展现，有助于培养孩子对数学与逻辑思维的兴趣。本书结合低学段儿童的认知规律，将内容设置为三个部分：第一部分，漫步让人大开眼界的神秘图形世界，讲的是数学世界中的图形之美，有助于空间想象力与创造力的养成；第二部分，运算统计小达人，玩转数学真轻松，讲的是运算与统计方面的数学知识；第三部分，手脑眼并用脑力赛，动手实操更好玩，培养孩子的动手能力。

本书重点开发3~10岁儿童的数学与逻辑思维能力，通过游戏引发孩子对数学、逻辑思维的兴趣，同时融入有助于数学启蒙的各种知识点，更容易被该年龄段的儿童接受。

**图书在版编目（CIP）数据**

给孩子的第一本数学思维启蒙书 / 陈伊平著. —北京：北京大学出版社，2023.3
ISBN 978-7-301-33605-2

Ⅰ.①给… Ⅱ.①陈… Ⅲ.①数学—儿童读物 Ⅳ.①O1-49

中国版本图书馆CIP数据核字(2022)第217540号

| | |
|---|---|
| 书　　　名 | 给孩子的第一本数学思维启蒙书 |
| | GEI HAIZI DE DI-YI BEN SHUXUE SIWEI QIMENG SHU |
| 著作责任者 | 陈伊平　著 |
| 责 任 编 辑 | 王继伟　杨　爽 |
| 标 准 书 号 | ISBN 978-7-301-33605-2 |
| 出 版 发 行 | 北京大学出版社 |
| 地　　　址 | 北京市海淀区成府路205号　100871 |
| 网　　　址 | http://www.pup.cn　新浪微博:@北京大学出版社 |
| 电 子 邮 箱 | 编辑部：pup7@pup.cn　总编室：2pup@pup.cn |
| 电　　　话 | 邮购部 010-62752015　发行部 010-62750672　编辑部 010-62570390 |
| 印 刷 者 | 三河市博文印刷有限公司 |
| 经 销 者 | 新华书店 |
| | 787毫米×1092毫米　32开本　7印张　241千字 |
| | 2023年3月第1版　2024年4月第2次印刷 |
| 印　　　数 | 4001-6000册 |
| 定　　　价 | 59.00 元 |

# 序

　　思维是人类的高阶心理活动形式之一，而数学思维与逻辑思维是幼儿应该培养的最基础的能力，在未来的人生中也会发挥至关重要的作用。

　　很多数学不好的孩子都有一个共性，就是只知道对公式死记硬背，很难做到理解与应用。如果孩子不理解公式是怎么得来的，那么很容易就会忘记，一道数学题，好不容易解答出来了，换了一个形式，或者换了一个数字之后，又不会做了。究其原因，主要是欠缺数学思维与逻辑思维能力。

　　本书以数学游戏为基础，以逻辑思维游戏为辅，除了数学与逻辑思维能力的培养之外，还有助于提升程序设计能力，这也是备受关注的一项技能，对孩子的未来有很大帮助。本书并不直接涉及程序编写，但是数学思维游戏与逻辑思维训练的内容，都是在为未来学习编程打基础。

　　书中的题目将生活与数学、逻辑紧密联系起来，以简单科学的方法培养孩子的数学与逻辑思维能力。

　　本书结合低学段儿童的认知规律，将内容设置为三个部分：第一部分，漫步让人大开眼界的神秘图形世界；第二部分，运算统计小达人，玩转数学真轻松；第三部分，手脑眼并用脑力赛，动手实操更好玩。

　　每一部分都讲解了对应的数学知识点，涵盖了低学段儿童应掌握的基础数学概念。同时，本书以故事和游戏的形式讲解知识点，让孩子在玩游戏的过程中体会到学习的乐趣，感受数学与逻辑思维的魅力。

本书适合3~10岁的儿童进行数学与逻辑思维能力的培养，通过游戏引发孩子对于数学、逻辑思维的兴趣，同时融入各种知识点，更容易被该年龄段的儿童接受。

# 本书使用说明

每一位读者也是玩家，除了要学习正文的数学思维启蒙知识，还需要额外完成逻辑思维的闯关任务。本书一共38节内容，设计了38个关卡，每闯过一关将得到一张"盲盒卡片"，每一张卡片都有惊喜，各种任务、奖品在等着你！

盲盒卡片和本书赠送的"心算王者"数字卡牌，可通过扫描本书封底"资源下载"二维码，输入"33605"获取资源，打印使用。

## 玩法说明 ●

- 游戏至少需要两位参与者，一位玩家，一位监督人。通常，孩子作为玩家，爸爸妈妈作为监督人。
- 孩子可以在游戏之前与爸爸妈妈协商，将虚拟礼物兑换为真实物品。
- 闯关初始资金：10枚金币。
- 闯关成功得到1枚金币，闯关失败扣掉1枚金币。
- 金币输光之后重新开始游戏。
- 每5枚金币可以抽取一张心愿卡。
- 闯关成功之后将有资格抽取一张盲盒卡片，领取神秘任务或奖励。
- 每日打卡。每完成一节的阅读任务，都需要撰写读书笔记并拍照发布到微博、朋友圈等网络平台，从而分享给更多的小朋友，并赢得1枚金币（每天只发布一个渠道即可）。

# 阅读笔记

本节标题: <u>典雅的扎染之美</u>

问题类型: <u>剪拼游戏</u>　　　　　阅读时长 10分钟

**数学思维启蒙超级训练**

学习心得

　　锻炼了动手能力，同时初步感知图形之间的联系，观察力也有所提升。

闯关任务: <u>找不同</u>

经验总结: <u>沉着冷静，不要因为计时而慌乱</u>

盲盒任务

　　我抽中了一日游，商量之后决定去海底世界玩

分享平台: 微信朋友圈

剩余金币: 10

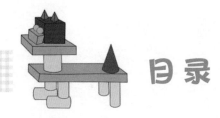

# 目录

## 第一部分

**漫步让人大开眼界的神秘图形世界**        001

# 第二部分

## 运算统计小达人，玩转数学真轻松     076

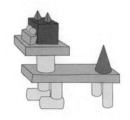

# 第三部分

**手脑眼并用脑力赛，动手实操更好玩**      **136**

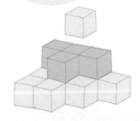

# 典雅的扎染之美——图形剪拼

## 知识锦囊

图形剪拼，指的是将一个几何图形剪为几块其他形状的图形，或将一个几何图形剪开之后，拼接为另一种满足某种条件的图形。

## 问题解决

麦斯和安琪来到扎染之乡大理，打算学习扎染，他们在老师的指引下，拿到了两块相同形状的布料，现在老师要求他们将每块布料剪一刀后，缝在一起变成另外的形状。

1️⃣ 麦斯要拼成一个三角形，应该怎样剪？

2️⃣ 安琪要拼成一个长方形，应该怎样剪？

麦斯与安琪拿到的布料

**思维培养**

从结果出发，观察一下已知图形和我们想要的图形有什么区别和联系吧！

① 麦斯要拼成一个三角形。

把已知图形和目标图形重叠起来，观察两者的区别和联系。

② 安琪要拼成一个长方形。

把已知图形和目标图形重叠起来，观察两者的区别和联系。

1. 具体操作如下图，沿下面的虚线剪开，然后把剪下的小三角形拼到上面，就拼成了一个三角形。

2. 具体操作如下图，沿下面的虚线剪开，然后把剪下的直角三角形拼到右侧，就拼成了一个长方形。

**小凹老师有话说**

　　剪拼游戏通过剪拼等操作方式，可以让孩子初步感知图形之间的联系，从而培养孩子的动手能力、观察能力和空间想象能力。

## 逻辑思维闯关训练——第1关

　　以下是两张扎染桌布，小朋友们可以在60秒之内找出5处不同的地方吗？接下来，请监督人打开计时器，开始闯关吧！

## 盲盒卡片

1. 如果闯关失败，扣掉1枚金币。
2. 如果闯关成功，得到1枚金币的同时，还可以抽取一张盲盒卡片，读取并完成任务。

　　剩余金币：＿＿＿＿＿＿

# 阅读笔记

本节标题：＿＿＿＿＿＿＿＿＿＿＿＿＿

问题类型：＿＿＿＿＿＿＿＿ 阅读时长 ⬚

学习心得

闯关任务：＿＿＿＿＿＿＿＿＿

经验总结：＿＿＿＿＿＿＿＿＿＿＿＿＿

数学思维启蒙超级训练

盲盒任务

分享平台：＿＿＿＿＿＿＿＿

剩余金币：＿＿＿＿＿

# 进入魔法方阵的双胞胎 ——认识平面图形1

## 知识锦囊

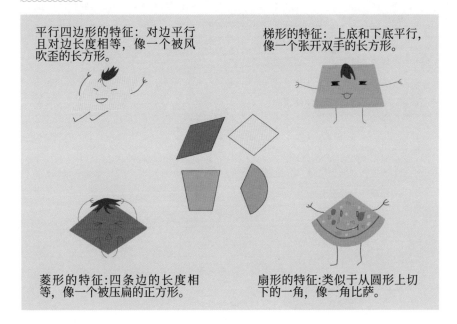

平行四边形的特征：对边平行且对边长度相等，像一个被风吹歪的长方形。

梯形的特征：上底和下底平行，像一个张开双手的长方形。

菱形的特征：四条边的长度相等，像一个被压扁的正方形。

扇形的特征：类似于从圆形上切下的一角，像一角比萨。

## 问题解决

图形王国中的双胞胎兄弟们误打误撞，进入了魔法方阵。由于他们都穿了白色的衣服，所以在方阵中走丢了。你能把每对双胞胎的衣服分别涂上不同的颜色，让他们各自找到自己的兄弟，并说出他们的名字吗（方阵中相邻的两个点之间的距离相等）？

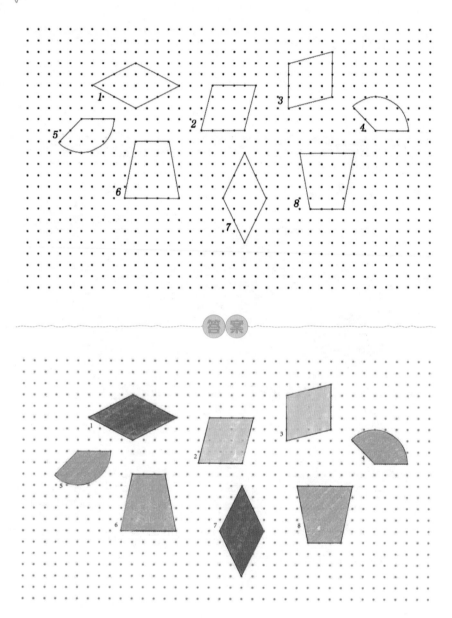

答 案

# 逻辑思维闯关训练——第2关

图形王国中的四对双胞胎各自找到了自己的兄弟，他们很开心，周末的时候相约去游乐园玩。大家玩累了，想去吃冰激凌，然而他们发现想吃到冰激凌并没有那么容易，必须经过一处迷宫才行。

你能帮助他们想想办法吗？

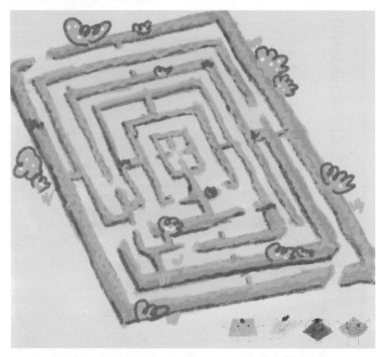

## 盲盒卡片

**1** 如果闯关失败，扣掉1枚金币。

**2** 如果闯关成功，得到1枚金币的同时，还可以抽取一张盲盒卡片，读取并完成任务。

剩余金币：_____

第一本数学思维启蒙书

# 阅读笔记

本节标题: _____

问题类型: _____ 阅读时长 [          ]

数学思维启蒙超级训练

学习心得

闯关任务: _____

经验总结: _____

盲盒任务

分享平台: _____

剩余金币: _____

# 安琪的生日礼物——巧数正方体

## 知识锦囊

巧数正方体是一种很常见的数学题型，考验的是空间想象力，因为对于多层的图，会有一部分被遮挡，这就需要使用一定的方法，一般分为按行观察与按列观察两种。

## 问题解决

安琪在家里举办自己的生日派对，小伙伴们送给她很多生日礼物。安琪把盒子都堆放在一起了，你能帮她数一数一共有多少个礼物盒子吗？

  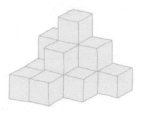

## 思维培养

**1** 方法一：按行观察。

第1行有1个。

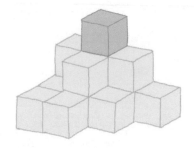

第2行有4个，其中有3个露在外面，有1个被压在下面。

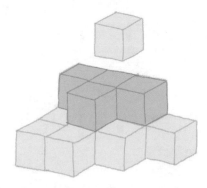

第3行有9个，其中有5个露在外面，有4个被压在下面。

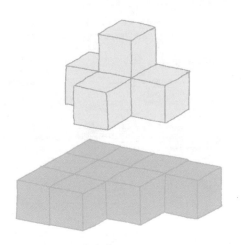

正方体总数：1+4+9=14（个）

## 2 按列观察（楼顶标记法）

把每一列看成一栋楼，每栋楼有几层就在楼顶标记几，最后把所有的数相加。

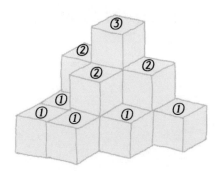

正方体总数：1+1+1+1+1+2+2+2+3=14（个）

14个。

## 逻辑思维闯关训练——第3关

这是一道图形规律题，需要根据已知图形的颜色、形状、规律，推断出空格内的图形，并画出来。

## 盲盒卡片

**1** 如果闯关失败，扣掉1枚金币。

**2** 如果闯关成功，得到1枚金币的同时，还可以抽取一张盲盒卡片，读取并完成任务。

剩余金币：_____

# 阅读笔记

本节标题: _____

问题类型: _____  阅读时长 [_____]

学习心得

闯关任务: _____

经验总结: _____

数学思维启蒙超级训练

盲盒任务

分享平台: _____

剩余金币: _____

# 霍顿博士的AI机器狗——几何图形涂色

## 知识锦囊

立体图形涂色问题，锻炼的是空间想象力，同时有助于更好地认识图形，丰富有关空间、色彩以及形状的认知。

## 问题解决

霍顿博士刚刚研制出一款AI机器狗，这只机器狗由几何图形组成，但由于刚刚研制出来，机器狗还没有涂颜色。小朋友，你能按照要求为这只AI机器狗涂上颜色吗？

1 球：蓝色

2 圆锥：紫色

3 四棱锥：橙色

4 圆柱：黄色

5 正方体：红色

6 长方体：绿色

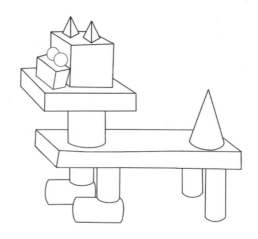

答案

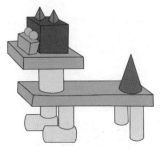

# 逻辑思维闯关训练——第4关

经过前面3关的挑战，大家都累了吧？接下来让小脑瓜休息一下，我们来玩一个填图游戏。

仔细看，下面这张图片像谁呢？看看这本书的作者简介，是不是有点像呢？

没错，这张图就是小凹老师，哈哈，快来帮我化妆吧！

**小凹老师有话说**

本题没有标准答案哦，谁把我化得好看，谁就赢了！

## 盲盒卡片

给小凹老师化完妆之后，问一问你的妈妈，如果妈妈说好看，则闯关成功；不

好看，则闯关失败。

**1** 如果闯关失败，扣掉1枚金币。

**2** 如果闯关成功，得到1枚金币的同时，还可以抽取一张盲盒卡片，读取并完成任务。

剩余金币：＿＿＿＿＿＿

# 阅读笔记

本节标题：＿＿＿＿＿＿＿＿＿＿＿＿＿

问题类型：＿＿＿＿＿＿＿　　阅读时长

学习心得

数学思维启蒙超级训练

闯关任务：＿＿＿＿＿＿＿＿＿＿＿

经验总结：＿＿＿＿＿＿＿＿＿＿＿

盲盒任务

分享平台：＿＿＿＿＿＿＿

剩余金币：＿＿＿＿＿＿＿

# 无限烧脑的俄罗斯方块 ——秒拼图形

## 知识锦囊

用4个小正方形可以拼成5种形状，分别如下。

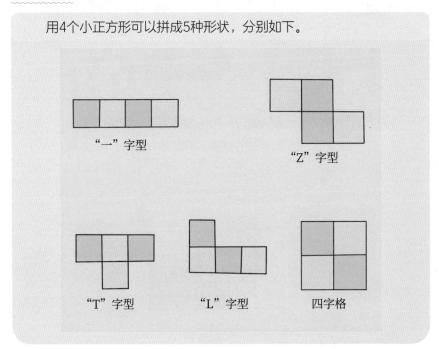

"一"字型

"Z"字型

"T"字型　　　　"L"字型　　　　四字格

## 通关秘籍

1 先拼最大的。

2 靠边靠角拼。

## 问题解决

麦斯在玩俄罗斯方块的游戏，想用左边的4组图形，拼成右边的图形。图形可以旋转，但不可以翻转，怎样才能拼成呢？

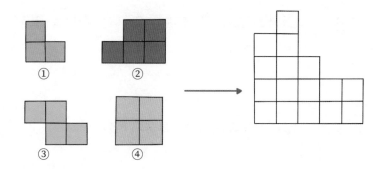

## 思维培养

拼图形的时候，一般先从边边角角的位置开始，先拼大的。

第一步：确定最大的②所在的位置，靠边靠角放。

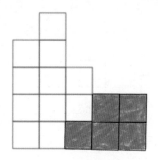

第二步：确定④所在的位置，靠边靠角放。

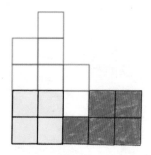

第三步：确定特殊位置的方格A。

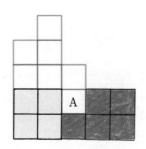

　　由于③不能翻转，只能旋转，因此方格A只能用①填充，将①旋转再拼。

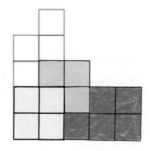

　　第四步：将③旋转，拼入图形中，即最终答案。

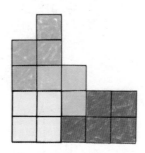

## 超级挑战

请你用左边的4组图形拼成右边的正方形。

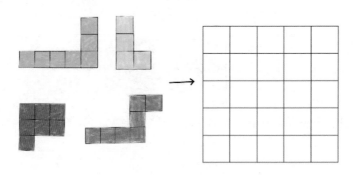

## 逻辑思维闯关训练——第5关

接下来，我们玩一玩找影子的游戏。下面一共有5个影子，其中只有一个是小凹老师的影子，其他的虽然很像，但都不是哦，你能找到小凹老师的影子吗？

## 盲盒卡片

1 如果闯关失败，扣掉1枚金币。

2 如果闯关成功，得到1枚金币的同时，还可以抽取一张盲盒卡片，读取并完成任务。

剩余金币：_____

# 阅读笔记

**本节标题：** _____

**问题类型：** _____  **阅读时长** [          ]

数学思维启蒙超级训练

学习心得

**闯关任务：** _____

**经验总结：** _____

盲盒任务

**分享平台：** _____

**剩余金币：** _____

# 小黑屋里的藏宝盒 ——立体图形巧观察

## 知识锦囊

### 题西林壁

宋 苏轼

横看成岭侧成峰，远近高低各不同。

不识庐山真面目，只缘身在此山中。

"横看成岭侧成峰"蕴含了一个数学道理，告诉我们从不同的角度观察立体图形，往往会得到不同形状的平面图形。在建筑、工程等设计中，也常常用从不同方向看到的平面图形来表示立体图形。

## 通关秘籍

观察图形特殊部位的投影形状。

## 问题解决

比克大魔王在一个小黑屋里发现了藏宝盒，但是由于藏宝盒有机关，他只能用手电筒照亮藏宝盒并在远处小心地观察。小朋友，你知道藏宝盒在不同的墙面、地板上，分别会留下什么样的黑影吗？动手连一连吧！

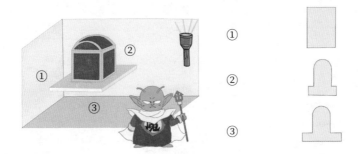

## 思维培养

第一步：投在①号墙上的黑影，是由右边的光照到藏宝盒产生的，所以投出的黑影应该是从右侧看藏宝盒的形状，因此①号墙上留下的黑影是第3个图形。

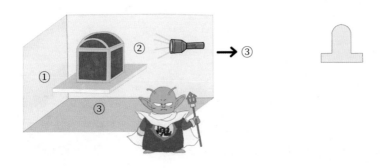

第二步：投在②号墙上的黑影，是由前面的光照到藏宝盒产生的，所以投出的黑影应该是从前面看藏宝盒的形状，因此②号墙上留下的黑影是第2个图形。

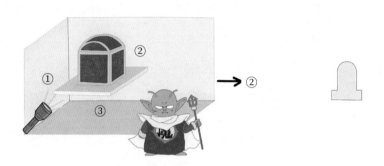

第三步：投在③号地板上的黑影，是由上面的光照到藏宝盒产生的，所以投出的黑影应该是从上面看藏宝盒的形状，因此③号地板上留下的黑影是第1个图形。

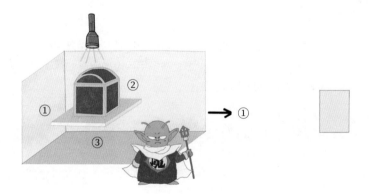

答案

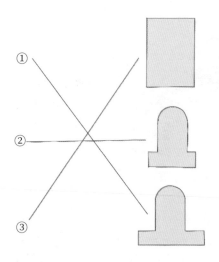

① ② ③

**小凹老师有话说**

　　通过观察立体图形的三视图，可以让孩子从多角度观察物体，强化孩子的空间概念。也可以尝试让孩子用手电筒照亮物体，观察生活中的实际物体的不同角度图。

## 逻辑思维闯关训练——第6关

　　既然上一道题与藏宝盒有关，那么小凹老师就给大家设计一个寻宝游戏，这是一个多人游戏，建议2~4人参与。

### 游戏玩法

　　道具：棋子、骰子、金币。

把棋子放在中间起点的位置（4个沙发中的任意一个都可以），代表自己。

掷骰子，然后按照右上角的规则执行。

走到宝箱的位置，得一枚金币，谁先攒齐3枚金币就算赢。

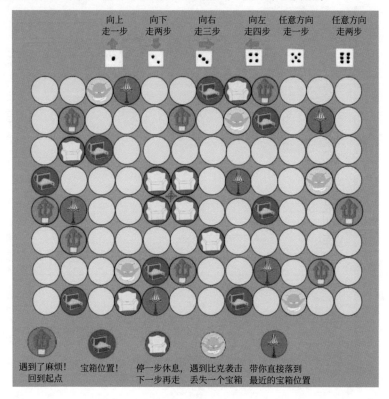

## 盲盒卡片

**1** 寻宝游戏未能取胜，扣掉1枚金币。

**2** 寻宝游戏获胜，得到1枚金币的同时，还可以抽取一张盲盒卡片，读取并完成任务。

剩余金币：＿＿＿＿＿＿

# 阅读笔记

本节标题：_____

问题类型：_____  阅读时长 [_____]

数学思维启蒙超级训练

学习心得

闯关任务：_____

经验总结：_____

盲盒任务

分享平台：_____

剩余金币：_____

# 篱笆，篱笆，有多长 ——不规则图形求周长

## 知识锦囊

我们都知道长方形的周长=长×2+宽×2，但是生活中有很多不规则的图形，比如被咬掉的饼干、学校里的操场，等等。遇到这些不规则的图形，应该怎样计算它们的周长呢？

## 通关秘籍

1. 不规则图形变换成规则图形。
2. 平移法。

## 问题解决

小凹老师家的后花园总是有一些小动物溜进来，把老师种的花都踩坏了，于是小凹老师决定给花园装上篱笆。花园是个不规则图形，小凹老师应该买多少米的篱笆呢？

## 思维培养

第一步：我们先来思考一下，不规则图形和规则图形有什么区别和联系呢？

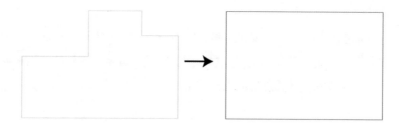

把两图重叠在一起进行比较：

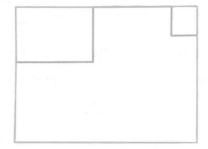

第二步：通过平移把不规则图形变换成规则图形。

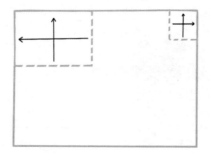

第三步：计算规则图形的周长。

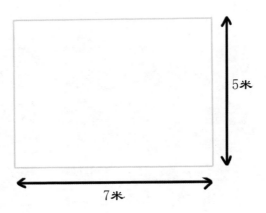

周长=7×2+5×2=24（米）

24米。

**小凹老师有话说**

　　通过平移，将不规则图形变换成规则图形，再计算周长。通过计算不规则图形的周长，学习数学中的变换思想，可以提升孩子解决实际问题的能力。

## 逻辑思维闯关训练——第7关

　　小凹老师的花园中种着很多花，其中老师最喜欢的就是玫瑰花啦，请在下面的玫瑰花瓣中填入数字1~4，使每一行、每一列、每个区域内的数字不重复。

## 盲盒卡片

**1** 如果闯关失败，扣掉1枚金币。

**2** 如果闯关成功，得到1枚金币的同时，还可以抽取一张盲盒卡片，读取并完成任务。

剩余金币：＿＿＿＿＿＿＿

# 阅读笔记

本节标题：_____

问题类型：_____ 阅读时长 [_____]

数学思维启蒙超级训练

学习心得

闯关任务：_____

经验总结：_____

盲盒任务

分享平台：_____

剩余金币：_____

# 剪纸里的对称之美——轴对称图形解析

## 知识锦囊

如果一个图形沿着一条直线折叠，直线两侧的部分能够完全重合，那么我们就说这个图形是轴对称图形，这条直线叫作对称轴。

过年的窗花、北京的天坛、部分汽车的车标……这些都是轴对称图形，充满着和谐的对称美。

小朋友，你还能想到哪些轴对称图形呢？请你把答案写在下面的横线上。

1.＿＿＿＿＿＿＿＿＿＿

2.＿＿＿＿＿＿＿＿＿＿

3.＿＿＿＿＿＿＿＿＿＿

4.＿＿＿＿＿＿＿＿＿＿

5.＿＿＿＿＿＿＿＿＿＿

6.＿＿＿＿＿＿＿＿＿＿

## 通关秘籍

**1** 左右对称：上下相同，左右相反。

**2** 上下对称：左右相同，上下相反。

**3** 从后向前，逆向思考。

## 问题解决

马上要过年了，麦斯想剪一些漂亮的窗花来装饰房间。他将一张正方形彩纸按照如下图所示的步骤折叠后再展开，剪出的窗花应该是哪个图案呢？

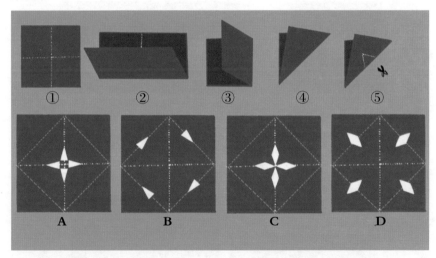

## 思维培养

麦斯每次折纸时都是以中间的线为折线进行折叠，所以最后剪出的图案是一个对称图形。

我们可以按照折纸顺序倒推还原。

第1次：把图形⑤还原，由图④可知，得到的图形以中间的斜线为对称轴，两边对称，如图a。

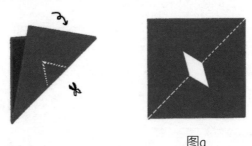

图a

第2次：把图a还原，由图形③可知，得到的图形以右边的线为对称轴，左右对称，如图b。

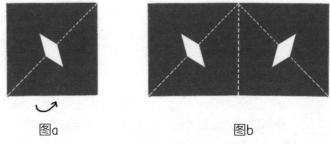

图a　　　　　　　　　　　　图b

第3次：把图b还原，由图形②可知，得到的图形以下边的线为对称轴，上下对称，如图c。

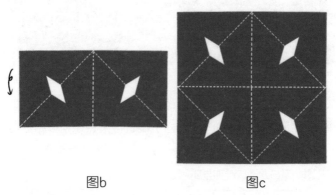

图b　　　　　　　　　　　　图c

所以最终答案是D。

D。

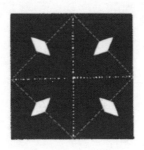

## 逻辑思维闯关训练——第8关

麦斯搬了新家，需要重新铺地砖。突发奇想的麦斯想在地上铺上轮船的图案，他已经铺好了轮船的左半边，你能帮助麦斯设计出轮船的右半边吗？赶紧动手画一画吧！

在下面的格子中，根据自己对轮船的印象，填充相应的格子，然后在网上搜索轮船的样子，看看自己画的如何吧。

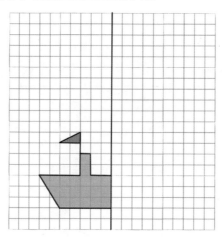

## 盲盒卡片

1. 对照轮船的图片，如果画得不像则闯关失败，扣掉1枚金币。
2. 如果画得比较像则闯关成功，得到1枚金币的同时，还可以抽取一张盲盒卡片，读取并完成任务。

剩余金币：＿＿＿＿＿＿

# 阅读笔记

本节标题：＿＿＿＿＿＿＿＿＿

问题类型：＿＿＿＿＿＿　　阅读时长 ＿＿＿＿

数学思维启蒙超级训练

学习心得

闯关任务：＿＿＿＿＿＿＿

经验总结：＿＿＿＿＿＿＿＿＿

盲盒任务

分享平台：＿＿＿＿＿＿

剩余金币：＿＿＿＿

# 谁能帮安琪设计一条围巾呢？ ——分割图形

## 知识锦囊

分割图形是一种有趣的数学游戏，即把一个图形分割成形状、大小都符合要求的多个小图形。在进行图形分割时，需要考虑分割后图形的大小、形状及各个小图形之间的位置关系。

在解决这种问题时，先确定分割思路，再确定分割区域。

## 通关秘籍

**1** 找唯一数。

**2** 先确定大数区域，再确定小数区域。

**3** 靠边靠角分割。

## 问题解决

安琪想织一条方格图案的围巾，请你做一次设计师，按照要求帮她设计一条漂亮的围巾，使方格分成几个区域，每个区域织出不同的颜色，看看织出的围巾是什么样子吧！

请将下面5行5列的方格分为长方形或者正方形区域，每个区域包含一个数，这个数表示此区域包含的方格数。

| 2 |   | 3 |   |   |
|---|---|---|---|---|
|   |   |   | 2 |   |
| 2 | 4 |   |   | 3 |
|   | 1 | 3 |   |   |
|   | 5 |   |   |   |

## 思维培养

第一步：我们先来找一找有没有能够直接确定的区域吧！

数字"1"代表这个数字所在的区域只有一个方格，也就是数字所在的这个方格，所以数字1的区域能够直接确定。

| 2 |   | 3 |   |   |
|---|---|---|---|---|
|   |   |   | 2 |   |
| 2 | 4 |   |   | 3 |
|   | 1 | 3 |   |   |
|   | 5 |   |   |   |

第二步：我们来思考一下，哪种数字更容易确定区域？

较小的数字所占的区域也比较小，在确定区域时更加灵活；而较大的数字所占的区域比较大，所以在确定区域时可以选择的范围也就更小，因此，我们先确定较大的数字所占的区域。

数字"5"所占的区域有图1和图2两种情况。

图1　　　　　　　　　　　　图2

但是图1的区域并不是长方形或正方形区域，不符合要求，所以正确区域如图2所示。

数字"4"所在的行和列都有数字，所以它所占的区域只能是正方形。

第三步：靠边靠角分割剩下的区域，注意，分割的区域是正方形或长方形。

———— 答案 ————

每个区域的颜色选择不唯一。

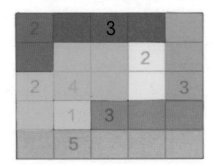

**小凹老师有话说**

　　本节内容在前面剪拼图形的基础上，继续学习图形的分割，过程更加抽象，可以进一步增强孩子的观察能力和空间观念，丰富想象力，培养孩子的创造性思维能力。

# 逻辑思维闯关训练——第9关

小凹老师有一只小狗，很可爱，它有一个有趣的名字——海盗狗。接下来这个游戏，就是以海盗狗为主角设计的。仔细观察第一排的海盗狗，找出其中的规律，然后从A~E中推理出第6只海盗狗的样子。

## 盲盒卡片

**1** 如果闯关失败，扣掉1枚金币。

**2** 如果闯关成功，得到1枚金币的同时，还可以抽取一张盲盒卡片，读取并完成任务。

剩余金币：＿＿＿＿＿＿

# 阅读笔记

本节标题：_____

问题类型：_____ 阅读时长 _____

数学思维启蒙超级训练

学习心得

闯关任务：_____

经验总结：_____

盲盒任务

分享平台：_____

剩余金币：_____

# 藏在图形里的数字 ——认识平面图形2

## 知识锦囊

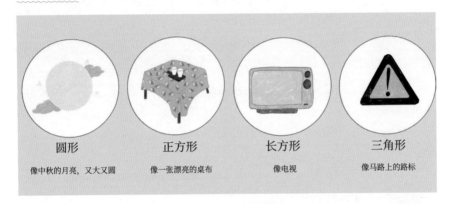

| 圆形 | 正方形 | 长方形 | 三角形 |
|------|--------|--------|--------|
| 像中秋的月亮，又大又圆 | 像一张漂亮的桌布 | 像电视 | 像马路上的路标 |

## 科普小知识

叠透图形：图形的叠透是装饰设计中常见的一种方法，通过把两种不同的图形重叠，可以形成独特的视觉效果。

## 通关秘籍

1 排除法。

2 对应法。

## 问题解决

　　大超、小雷、丽丽和芊芊把三种不同的玻璃图形重叠在一起，用这个叠透图形玩起了数字捉迷藏游戏。请你根据他们的对话，猜猜每个人分别藏的是什么数字。

　　大超说："我藏的数字只在长方形玻璃内。"

　　小雷说："我藏的数字只在圆形玻璃内。"

　　丽丽说："我藏的数字在三角形玻璃内，也在长方形玻璃内，但不在圆形玻璃内。"

　　芊芊说："我藏的数字在三角形玻璃内，也在圆形玻璃内和长方形玻璃内。"

## 版式设计

## 思维培养

**1** 思路1

首先，辨别出每个图形的名称。然后，通过有序的观察和排除法，根据图形的包含关系，就可以找到答案。

大超的数字只在长方形内，说明在三角形和圆形外，只有数字3符合要求。

小雷的数字只在圆内，说明在长方形和三角形外，只有数字1满足要求。

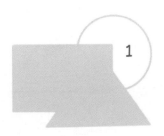

丽丽的数字在三角形内，也在长方形内，但不在圆内。说明这个数字是三角形和长方形重叠的部分，即数字2和5，但是数字5同时也在圆内，所以排除数字5，丽丽的数字是2。

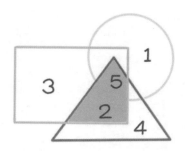

芊芊的数字同时在三角形内、圆形内和长方形内，数字1、3、4都只在一种图形内，所以排除1、3、4。数字2在三角形内和长方形内，但不在圆形内，所以排除2。数字5同时出现在三种图形中，所以芊芊的数字是5。

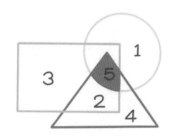

**2 思路2**

根据图形里包含的数字直接推导出重叠的数字，再根据每个人说的话，就能够得出答案。

长方形内包含的数字：2、3、5

三角形内包含的数字：2、4、5

圆形内包含的数字：1、5

同时出现在三种图形内的数字是5，所以芊芊藏的数字是5。在长方形内和三角形内，但不在圆形内的数字是2，所以丽丽藏的数字是2。只出现在长方形内的数字是3，所以大超藏的数字是3。只出现在圆形内的数字是1，所以小雷藏的数字是1。

| 大超 | 小雷 | 丽丽 | 芊芊 |
|---|---|---|---|
| 3 | 1 | 2 | 5 |

**小凹老师有话说**

　　叠透图形找数字的游戏，综合了图形认知、包含关系、逻辑推理等多方面的数学思维，一方面能够培养孩子的数理能力，另一方面也能让孩子在游戏中感受到数学的魅力。

# 逻辑思维闯关训练——第10关

周末了，阳光明媚，小凹老师把新买的袜子洗一洗，这样周一就可以穿啦！小凹老师有很多只漂亮的袜子，如下图所示，请你仔细观察，然后用手遮住左图，在右图中将袜子的颜色画出来。

这道题不仅考察填色能力，还考验你的记忆力哦！

一旦开始，不准偷看哦！

## 盲盒卡片

① 填错2只及以上袜子的颜色则闯关失败，扣掉1枚金币。

② 填对3只及以上袜子的颜色则闯关成功，得到1枚金币的同时，还可以抽取一张盲盒卡片，读取并完成任务。

剩余金币：_____

# 阅读笔记

本节标题：_____

问题类型：_____ 阅读时长 _____

学习心得

数学思维启蒙超级训练

闯关任务：_____

经验总结：_____

盲盒任务

分享平台：_____

剩余金币：_____

# 我是快乐的粉刷匠 ——立体图形涂色

## 知识锦囊

一个正方体有6个面，即3对相对面，包括前面和后面、左面和右面、上面和下面。

## 通关秘籍——分类计数

记住口诀：先分类，再计数，计算总数很简单。

## 问题解决

安琪用积木搭建了一个领奖台模型，她想用红色油漆给领奖台的表面涂上颜色，请问安琪要给多少个小正方形表面涂色？

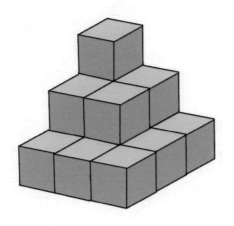

## 思维培养

第一步：我们先来把所有的小正方形分分类吧！

第1类：前面和后面。

第2类：左面和右面。

第3类：上面和下面，其中下面的小正方形不需要涂色。

第二步：分类涂色。

前面和后面的数量相同，前后的数量：6+6=12（个）。

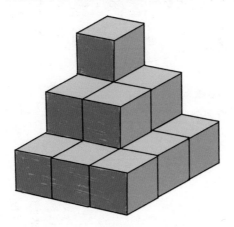

左面和右面的数量相同，左右的数量：6+6=12（个）。

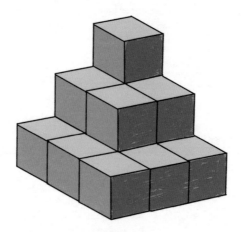

上面的数量：9个。

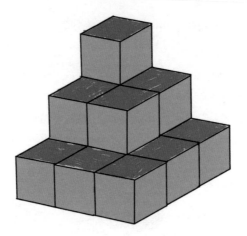

第三步：计算总数。

12+12+9=33（个）

33个。

# 逻辑思维闯关训练——第11关

这一关，小凹老师设计了一个总和问题，在下面这张图中，一共有四种符号，每个符号分别代表一个具体的数值，部分行和列的数字之和已经列出来了，请问"?"处的数字是多少？

|  | 35 | 47 |  | 24 |  |
|---|---|---|---|---|---|
|  | # | ☆ | ☆ | ☆ | ? |
|  | ⊗ | # | # | ⊗ | 40 |
|  | ⊗ | □ | ⊗ | ⊗ | 21 |
|  | □ | □ | □ | □ | 48 |

**盲盒卡片**

1. 如果闯关失败，扣掉1枚金币。

2. 如果闯关成功，得到1枚金币的同时，还可以抽取一张盲盒卡片，读取并完成任务。

   剩余金币：＿＿＿＿＿

第一本数学思维启蒙书

# 阅读笔记

本节标题: _____

问题类型: _____　　　阅读时长 [　　　　]

数学思维启蒙超级训练

学习心得

闯关任务: _____

经验总结: _____

盲盒任务

分享平台: _____

剩余金币: _____

# 麦斯的快递包裹 ——正方体的11种展开图

## 知识锦囊

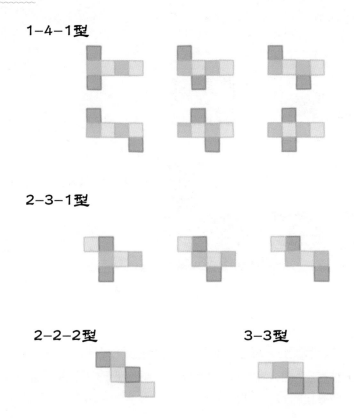

**1-4-1型**

**2-3-1型**

**2-2-2型**

**3-3型**

## 通关秘籍

1 "目"字型和"Z"字型的两端为相对面。

2 田字格不能形成相对面。

## 问题解决

麦斯在网上买了一台玩具汽车，由于颜色发错了，所以想寄回更换。下面有三个不同形状的展开图，麦斯想要折出一个正方体纸盒用来寄出快递，哪一个可以折成呢？

(1)　　　(2)　　　(3)

## 思维培养

第一步：我们先来思考一下正方体的特征是什么吧！

正方体有6个面，其中有3对相对面，因此判断展开图是否能折成一个正方体，只要找到3对相对面即可。

一般可以通过"目"字型和"Z"字型找到相对面。"目"字型和"Z"字型的两端就是相对面。

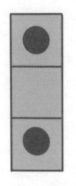

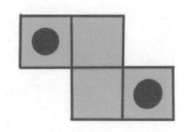

**"目" 字型**　　　　　　　　**"Z" 字型**

第二步：我们来逐个分析吧！

观察图（1），在"目"字型中，方格①和方格②相对；在"Z"字型中，方格③和方格②相对，因此不能折成正方体。

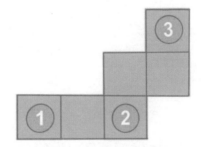

观察图（2），出现田字格，不能折成正方体。

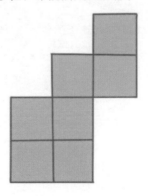

观察图（3），方格①、方格②、方格③形成"目"字型，所以方格①和方格③相对；方格②、方格③、方格④形成"目"字型，所以方格②和方格④相对；方格⑤、方格②、方格③、方格⑥形成"Z"字型，所以方格⑤和方格⑥相对。因此，图（3）中有3对相对面，能够折成正方体。

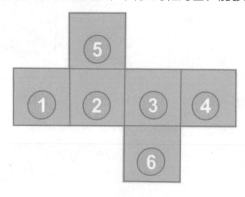

答案

图形（3）可以折成正方体。

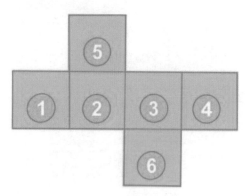

# 逻辑思维闯关训练——第12关

麦斯是一个网购小达人，他的家里还有一堆快递包裹堆在那里，我们就利用这些包裹设计一道逻辑思维题。

如下图所示，每一个包裹的数字等于它下面两个包裹的数字之和。有一些包裹没有数字，请将它们补充完整吧。

## 盲盒卡片

1️⃣ 如果闯关失败，扣掉1枚金币。

2️⃣ 如果闯关成功，得到1枚金币的同时，还可以抽取一张盲盒卡片，读取并完成任务。

剩余金币：_____

# 阅读笔记

本节标题: _____

问题类型: _____ 阅读时长 [_____]

**数学思维启蒙超级训练**

学习心得

闯关任务: _____

经验总结: _____

**盲盒任务**

分享平台: _____

剩余金币: _____

# 双色集装箱 ——立体图形综合应用

## 知识锦囊

立体图形和简单计算的综合应用，需要先整体观察图形的特点，再运用加减法计算分析和解决问题。

## 通关秘籍

**1** 计算图形数量。

**2** 计算图形重量。

**3** 数量和重量综合考虑。

## 问题解决

某日，麦斯来到一处建筑工地，突然对集装箱产生了兴趣。

他看到吊车把8个大小相同的正方体集装箱（黄色和绿色）堆成了下图的形状。黄色集装箱每个重100千克，绿色集装箱每个重200千克，整个立体图形重1200千克。你知道绿色集装箱有几个吗？

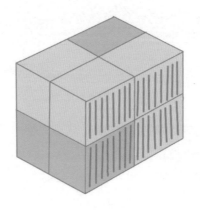

## 思维培养

我们把集装箱分为两类：看得见的和看不见的，接下来分类考虑。

第一步：思考"看得见的集装箱有几个，重量是多少千克?"

**1** 看得见的黄色集装箱。

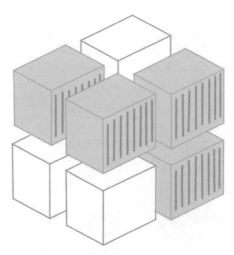

一共是4个黄色集装箱，总重量是：4×100=400（千克）

**2** 看得见的绿色集装箱。

一共有3个绿色集装箱，总重量是：3×200=600（千克）

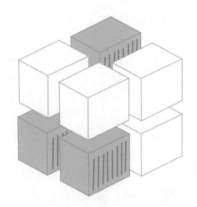

第二步：思考"看不见的集装箱有几个，重量是多少千克?"

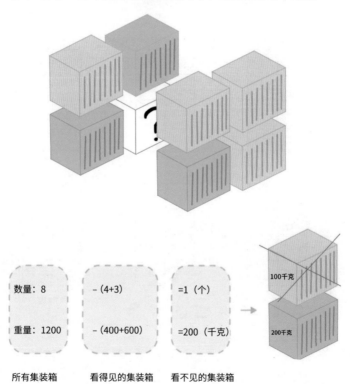

| 所有集装箱 | 看得见的集装箱 | 看不见的集装箱 | |
|---|---|---|---|
| 数量：8 | - (4+3) | =1（个） | 100千克 |
| 重量：1200 | - (400+600) | =200（千克） | 200千克 |

因此，看不到的集装箱是绿色的，重量是200千克。

绿色集装箱一共是：3+1=4（个）。

答案

4个。

## 逻辑思维闯关训练——第13关

接下来玩一个爬格子游戏，这是一道考察规律变化的题目。图形中的淘气小猴所在的位置以及头的朝向都在变化，那么你知道第六个格子里，淘气小猴的头是朝向哪里的吗？

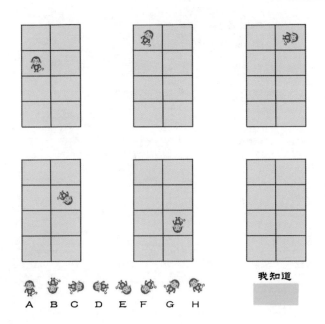

**盲盒卡片**

1. 如果闯关失败，扣掉1枚金币。

2. 如果闯关成功，得到1枚金币的同时，还可以抽取一张盲盒卡片，读取并完成任务。

剩余金币：＿＿＿＿＿＿

# 阅读笔记

本节标题：＿＿＿＿＿＿＿＿＿＿＿＿＿＿

问题类型：＿＿＿＿＿＿＿　　阅读时长

数学思维启蒙超级训练

学习心得

闯关任务：＿＿＿＿＿＿＿＿＿＿

经验总结：＿＿＿＿＿＿＿＿＿＿＿＿＿＿

盲盒任务

分享平台：＿＿＿＿＿＿

剩余金币：＿＿＿＿

# 神奇的骰子 ——正方体的相对面

## 知识锦囊

正方体一共有6个面，其中上面与下面相对，前面与后面相对，左面与右面相对。

骰子是许多桌上游戏必不可少的道具之一，比如麻将、牌九等。最常见的骰子是六面骰，它是一个正方体，上面分别有1到6个点，其相对面的数字之和必为7。

## 通关秘籍

从上到下，依次计算。

## 问题解决

正方体骰子的6个面上分别写着1~6六个数字，并且任意相对的两个面上的数字之和是7，任意相贴的两个面上的数字之和为8，那么图中"?"

处的数字可能是多少?

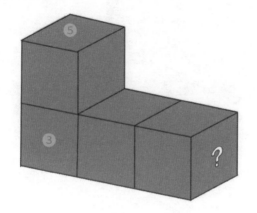

## 思维培养

我们先来按照顺序,从上到下正向推理吧!

观察上图,最上面的骰子顶上是5,由于相对面的数字之和是7,所以它的对面就是7−5=2。

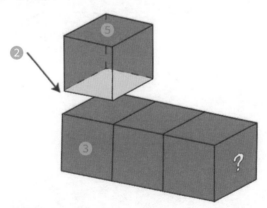

由于相贴面的数字之和是8,所以下面骰子的顶上就是8−2=6。

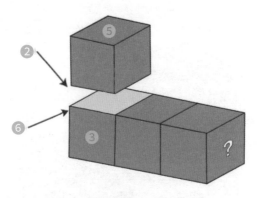

视线转移到下面的骰子，顶上是6，下面就是7-6=1。

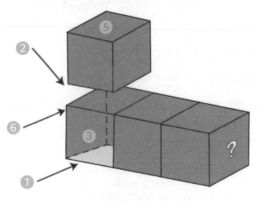

前面是3，后面就是7-3=4。

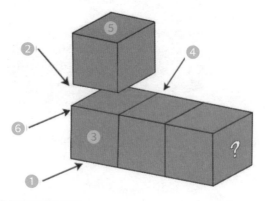

所以两侧面可能是2或5。

情况一：左侧面是2。

由于相对面的数字之和为7，相贴面的数字之和为8，可以推理出"？"处的数字是3。

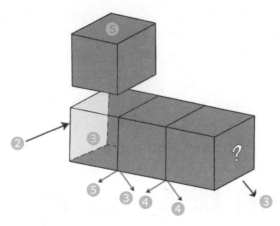

情况二：左侧面是5。

从左向右依次递推，如图所示。由于正方体的6个面上的数字只能是1~6，所以排除情况二。

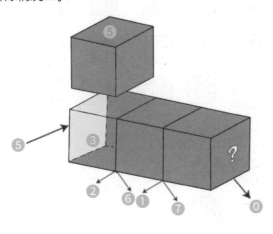

答案

3。

# 逻辑思维闯关训练——第14关

既然这道题涉及骰子，小凹老师就借此设计一个找规律的题目。如下图所示，你能在30秒内找到左下角这四个相邻的骰子吗？

Tips：这道题很多骰子的设计本身就是错的，目的是迷惑小读者，如第一排从左向右数第二个骰子就错了，根据题干要求，"任意相对的两个面上的数字之和是7，任意相贴的两个面上数字之和为8"，也就是说点数"3"和"4"设计错误。

小读者发现错误之后，就可以快速忽视相邻的4个骰子，转而寻找下一个组合。

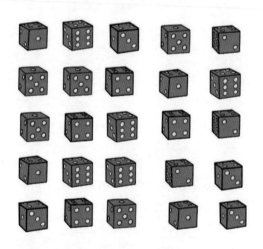

你能在上面的骰子中，快速找到这四个相邻的骰子吗？

**盲盒卡片**

1. 如果闯关失败，扣掉1枚金币。

2. 如果闯关成功，得到1枚金币的同时，还可以抽取一张盲盒卡片，读取并完成任务。

   剩余金币：_____

# 阅读笔记

数学思维启蒙超级训练

本节标题：_____

问题类型：_____ 阅读时长 [_____]

学习心得

闯关任务：_____

经验总结：

_____

盲盒任务

分享平台：_____

剩余金币：_____

# 迷路的小蜜蜂——数的序列

## 知识锦囊

数的序列，即数按照一定的规律排列的顺序。数序连线游戏可以有效锻炼儿童的观察能力和数感。

## 问题解决

小蜜蜂飞到花园采蜜，在回去的路上迷路了，你能按照数字的正确顺序帮助它找到回家的路线吗？快连一连吧！

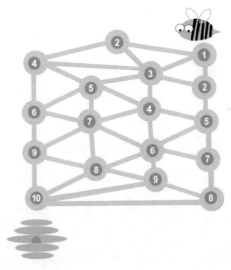

答案不唯一。

## 思维培养

小蜜蜂的起点是数字1，数字的顺序规律是1,2,3,4……即每个数都比前一个数大1，按照这样的顺序连线，就可以找到小蜜蜂回家的路线了。

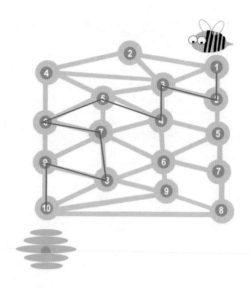

## 超级挑战

小蚯蚓在地下挖了很多条路，你能按照数的顺序帮助它找到小红旗吗？

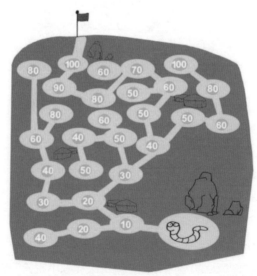

# 逻辑思维闯关训练——第15关

下面是8个常见的车标，你知道它们都是哪个国家的品牌吗？请在横线上写出车标名字，并在方框内写出它是哪个国家的品牌（只有全部答对才能获得1枚金币哦）。

## 盲盒卡片

**1** 如果闯关失败，扣掉1枚金币。

**2** 如果闯关成功，得到1枚金币的同时，还可以抽取一张盲盒卡片，读取并完成任务。

剩余金币：_____

# 阅读笔记

本节标题：＿＿＿＿＿＿＿＿＿＿＿＿＿

问题类型：＿＿＿＿＿＿＿　　阅读时长

数学思维启蒙超级训练

学习心得

闯关任务：＿＿＿＿＿＿＿＿＿

经验总结：

盲盒任务

、

分享平台：＿＿＿＿＿＿＿

剩余金币：＿＿＿＿＿＿

# 唉，书又被虫子咬了——数字谜

## 知识锦囊

数字谜，又称"虫蚀算"。古代没有良好的防虫措施，如果书上的算式被虫子吃掉了一部分，人们在看书时，就要根据剩下的算式计算出被咬掉的部分是什么数。古人把这个过程命名为"虫蚀算"。

## 通关秘籍

1️⃣ 竖式计算先算个位，再算十位。

2️⃣ 加法竖式，越加越小，必有进位。

3️⃣ 减法竖式，越减越大，必有退位。

**问题解决**

　　七七的数学书被一条毛毛虫咬坏了，小朋友，你能帮助七七把咬坏的竖式补全吗？

**思维培养**

　　第一步：算个位上的 ◀ 是几。

→ 9 + ◀ = 6

　　个位越加越小，必有进位，所以这个竖式的个位满十向十位进1。

$$+ \begin{array}{cc} \bullet & 9 \\ 2 & \blacktriangleleft \\ \hline 8 & 6 \end{array} \quad \rightarrow \quad 9 + \blacktriangleleft = 16 \quad \rightarrow \quad \blacktriangleleft = 7$$

第二步：算十位上的  是几。

$$+ \begin{array}{cc} \bullet & 9 \\ 2 & \blacktriangleleft \\ \hline 8 & 6 \end{array} \quad \rightarrow \quad \bullet + 2 + 1 = 8 \quad \rightarrow \quad \bullet = 5$$

$$+ \begin{array}{cc} 5 & 9 \\ 2 & 7 \\ \hline 8 & 6 \end{array}$$

## 超级挑战

你知道下面的两个图案代表的数字分别是几吗?

## 逻辑思维闯关训练——第16关

接下来这一关的题目,考验的是大脑的反应能力与发散思维。

拿出计时器,请在60秒之内写出尽可能多的圆形物体。请发挥你的想象力,凡是与圆形相关的物体都可以写。

注意,每一类只写一个,比如球类,篮球、足球、乒乓球等写一个就可以了。

不许上网查,不许求助,60秒极速思考,现在开始。

## 盲盒卡片

1. 写出6个以下的物体则算闯关失败，扣掉1枚金币。

2. 写出6个以上（包括6个）的物体则算闯关成功，得到1枚金币的同时，还可以抽取一张盲盒卡片，读取并完成任务。

   剩余金币：＿＿＿＿＿＿＿

# 阅读笔记

数学思维启蒙超级训练

本节标题：＿＿＿＿＿＿＿＿＿＿＿＿＿＿

问题类型：＿＿＿＿＿＿＿  阅读时长 ＿＿＿＿＿＿

学习心得

闯关任务：＿＿＿＿＿＿＿＿＿＿

经验总结：

盲盒任务

分享平台：＿＿＿＿＿＿＿＿

剩余金币：＿＿＿＿＿＿＿

# 环环相扣 ——数阵图

## 知识锦囊

　　一些数按照一定的规则，填在某一特定图形的规定位置上，这种图形，我们称它为"数阵图"。数阵图的种类繁多，包括辐射型数阵图、复合型数阵图和封闭型数阵图，如下图所示。

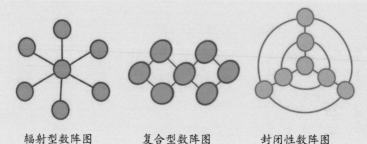

辐射型数阵图　　　　　复合型数阵图　　　　　封闭性数阵图

## 通关秘籍

**1** 先填重叠数。

**2** 再填其他数。

## 问题解决

　　把2、3、4、5、6、7、8这7个数分别填入下面的圆圈中，使每个菱形中四个数的和都等于19，每个数只能使用一次。

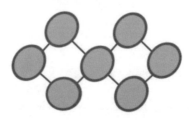

## 思维培养

第一步：思考一下先填哪个圆圈吧！

中间的圆圈同时出现在两个菱形中，它是重叠的圆圈，填入的数是重叠数。它是最特殊的，所以要先确定中间的圆圈的数字。

**1** 所有的数相加之和：2+3+4+5+6+7+8=35

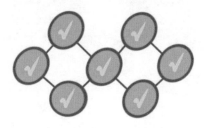

**2** 每个菱形上的数相加之和为19，则两个菱形上的数相加之和：19+19=38

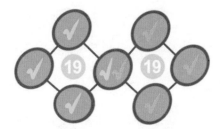

**3** 中间的圆圈被多数了一次，因此重叠数为：38-35=3

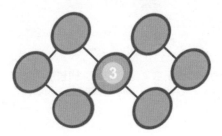

第二步：计算剩下的圆圈里应该填哪些数吧！

❶ 每个菱形里剩下的圆圈中的数字之和：19－3＝16。

❷ 用2、4、5、6、7、8凑两组16，分别为：2+6+8=16和
4+5+7=16。

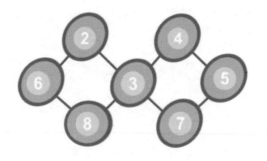

答案

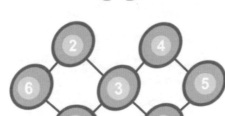

**小凹老师有话说**

　　数阵图游戏属于数形结合游戏，通过填入适当的数字，使图形满足要求。数阵图游戏可以培养孩子的数形结合思想，提高孩子的观察能力和分析能力，锻炼孩子的数理思维。

# 逻辑思维闯关训练——第17关

这一关考验的是短时记忆能力，这是一项很重要的能力，在7~12岁时，人的短时记忆能力会快速提升，13岁时达到巅峰。短时记忆能力对学习单词、阅读理解、数学都有直接影响。

研究发现，很多有学习障碍的儿童的短时记忆能力比普通儿童更差。接下来的训练可以检验短时记忆能力，如果发现儿童在这方面存在问题，一定要通过相应的训练进行提升。

下面是一些简单的物品，这些物品都在本书的不同章节出现过。快速浏览一遍之后，用手捂住图案，然后把物品名称写在左侧，看看你能记住多少个。

1. _____
2. _____
3. _____
4. _____
5. _____
6. _____
7. _____
8. _____

**盲盒卡片**

**1** 记住4个以下物品则算闯关失败，扣掉1枚金币。

❷ 记住4个以上（包括4个）物品则算闯关成功，得到1枚金币的
同时，还可以抽取一张盲盒卡片，读取并完成任务。

剩余金币：＿＿＿＿＿＿

# 阅读笔记

本节标题：＿＿＿＿＿＿＿＿＿＿＿

问题类型：＿＿＿＿＿＿　　　阅读时长

学习心得

闯关任务：＿＿＿＿＿＿＿＿＿

经验总结：＿＿＿＿＿＿＿＿＿＿＿＿＿

数学思维启蒙超级训练

盲盒任务

分享平台：＿＿＿＿＿＿＿

剩余金币：＿＿＿＿＿＿

# 丢失的砝码 ——称重问题

## 知识锦囊

砝码是放在天平上作为质量标准的量具，通常为金属块或金属片，大小不一，重量不一。

天平是一种衡器，通常配以砝码来称量物体的重量。在称量物体时，实行"左物右码"的放置规则。

## 通关秘籍

1 依照结果用加法凑数。

2 根据算式观察同时出现的数。

## 问题解决

这天，顽皮猴和可爱兔一起去逛街，玩累了就开始想中午吃什么，于是他们来到山羊大叔的果蔬摊，分别买了7千克的香蕉和12千克的菠菜。

然而，山羊大叔不小心弄丢了一个砝码，无论怎样配合都不能一次性称出7千克和12千克的重物。

山羊大叔原本有1千克、2千克、4千克和8千克的砝码各一个，你知道弄丢的是其中的哪一个砝码吗？

## 思维培养

逆向思考：如果没有弄丢砝码，应该怎样分别称出7千克和12千克的重物呢？

第一步：称出7千克。

1+2+4=7（千克）

→ **7千克**

第二步：称出12千克。

4+8=12（千克）

→ **12千克**

第三步：找出称出7千克和12千克都要用到的砝码。

因此，丢失的是4千克的砝码。

答案

**小凹老师有话说**

　　本节游戏可以有效锻炼孩子的数感能力，通过加法凑数，强化数与数之间的联系，再通过推断同时用到的砝码，可以提升孩子的分析推理能力。

## 逻辑思维闯关训练——第18关

　　这道题考察的是地理常识与短时记忆能力，请在30秒内浏览下图中这些世界知名的标志性建筑，然后在下面的空格中写出建筑物的名字以及所属国家。

1. 国家＿＿＿＿＿＿＿　标志性建筑＿＿＿＿＿＿＿＿＿＿＿

2. 国家＿＿＿＿＿＿＿　标志性建筑＿＿＿＿＿＿＿＿＿＿＿

3. 国家＿＿＿＿＿＿＿　标志性建筑＿＿＿＿＿＿＿＿＿＿＿

4. 国家＿＿＿＿＿＿＿　标志性建筑＿＿＿＿＿＿＿＿＿＿＿

5. 国家＿＿＿＿＿＿＿　标志性建筑＿＿＿＿＿＿＿＿＿＿＿

6. 国家＿＿＿＿＿＿＿　标志性建筑＿＿＿＿＿＿＿＿＿＿＿

**盲盒卡片**

1. 如果闯关失败，扣掉1枚金币。
2. 如果闯关成功，得到1枚金币的同时，还可以抽取一张盲盒卡片，读取并完成任务。

剩余金币：＿＿＿＿＿＿

# 阅读笔记

本节标题：＿＿＿＿＿＿＿＿＿＿＿＿＿＿

问题类型：＿＿＿＿＿＿＿＿　　阅读时长 ▢

数学思维启蒙超级训练

学习心得

闯关任务：＿＿＿＿＿＿＿＿＿＿

经验总结：＿＿＿＿＿＿＿＿＿＿＿＿＿＿＿＿＿＿

盲盒任务

分享平台：＿＿＿＿＿＿＿＿＿

剩余金币：＿＿＿＿＿＿

# 比克大魔王的金字塔——金字塔数列

## 知识锦囊

从1开始连续加到某一个数，再连续加回到1，这样的算式称为金字塔数列。

## 科普小知识

埃及金字塔作为古埃及的帝王陵墓，是世界七大奇迹之一。有人认为，因为这些巨大的陵墓外形很像汉字的"金"字，因此我们将其称为"金字塔"。

## 通关秘籍

金字塔数列的数列和=中间数×中间数。

## 问题解决

　　比克大魔王命令小怪物们为他修建"金字塔"。小怪物们找来了很多一样的小方砖块，建了一座奇特的"金字塔"（如下图所示）。你能算出这座"金字塔"一共有多少块小方砖块吗？

## 思维培养

　　第一步：从左边数起，把每一列的小方砖块数量加在一起。

　　1+2+3+4+5+6+5+4+3+2+1

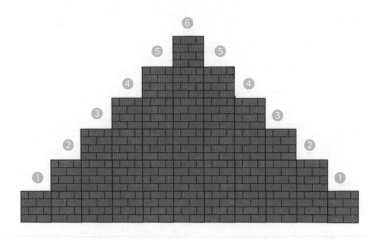

第二步：将"金字塔"拆成两部分，拼一拼。

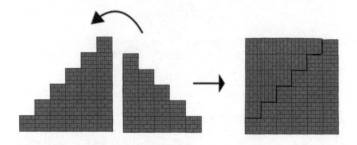

金字塔的砖块数量=正方形的砖块数量。

第三步：正方形的边长=金字塔的中间数=6

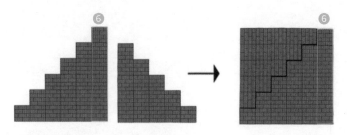

正方形的砖块数量=边长×边长=6×6。

所以金字塔的砖块数量=中间数×中间数=6×6=36（块）。

36块。

# 逻辑思维闯关训练——第19关

这是一个快速排序的游戏，接下来一共有5张图片，你需要在图片的边上写出英文，同时写出该单词的首字母在字母表中的位置（写出其相对应的阿拉伯数字）。

如砖块的图片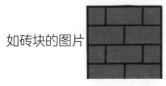

砖块的英文brick，首字母b在字母表中的位置是2。

开始游戏吧，限时30秒哦！

| 图片 | 英文 | 首字母在字母表中的位置 |
|------|------|------------------------|
|      |      |                        |
|      |      |                        |
|      |      |                        |
|      |      |                        |
|      |      |                        |

## 盲盒卡片

**1** 如果闯关失败，扣掉1枚金币。

**2** 如果闯关成功，得到1枚金币的同时，还可以抽取一张盲盒卡片，读取并完成任务。

剩余金币：＿＿＿＿＿＿

# 阅读笔记

本节标题：＿＿＿＿＿＿＿＿＿＿＿＿＿＿＿

问题类型：＿＿＿＿＿＿＿　　阅读时长

**数学思维启蒙超级训练**

学习心得

闯关任务：＿＿＿＿＿＿＿＿＿＿

经验总结：

盲盒任务

分享平台：＿＿＿＿＿＿＿＿

剩余金币：＿＿＿＿＿＿

# 聪聪的演出服 ——搭配问题

## 知识锦囊

　　搭配问题可以帮助孩子在有序思考的基础上，学习一件事情分几步完成、一共有多少种不同的搭配方法。在解决问题的过程中，可以培养孩子全面思考问题的能力。

## 问题解决

　　聪聪要参加六一儿童节的演出活动，后台分别有3件上衣、2条裤子和2双鞋，你能帮助聪聪搭配一套演出服并算出一共有多少种搭配方式吗？

## 思维培养

搭配一套演出服需要一件上衣、一条裤子和一双鞋。

方法1：连线法。

每件上衣搭配一条裤子，每条裤子搭配一双鞋。

一共12种搭配方法：

A1-B1-C1，A1-B1-C2；A1-B2-C1，A1-B2-C2；

A2-B1-C1，A2-B1-C2；A2-B2-C1，A2-B2-C2；

A3-B1-C1，A3-B1-C2；A3-B2-C1，A3-B2-C2.

方法2：乘法原理。

搭配衣服分为3步，分别是上衣、裤子和鞋。

第一步：挑选上衣。

上衣有3种选择。

第二步：上衣搭配裤子。

裤子有2种选择，每件上衣可以搭配2条裤子，一共是$3 \times 2 = 6$种搭配。

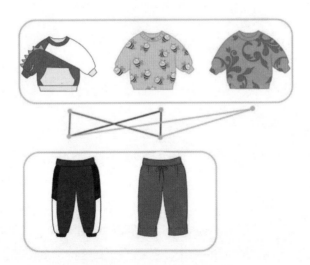

第三步：上衣、裤子搭配鞋。

鞋有2种选择，每种（上衣＋裤子）可以搭配2种鞋，一共是$3 \times 2 \times 2 = 12$种搭配。

答案

12种搭配。

## 超级挑战

　　麦斯要在假期去旅行，他打算先乘飞机从上海到北京，再坐火车从北京到西藏，最后再搭长途汽车从西藏到云南。假设从上海到北京有3趟航班可以选择，分别是MF8117、HO1259、KN5956；从北京到西藏有2列火车，分别是Z21和Z22，从西藏到云南有3辆长途汽车，分别是大巴、中巴和小巴。你知道麦斯要想完成这次旅行，一共有多少种方法吗？

上海→北京

西藏→云南

北京→西藏

# 逻辑思维闯关训练——第20关

某日，熊猫蛋蛋觉得自己太胖了，希望通过学习体操减肥。下面是一套体操动作的分解示意图，请根据前面4个动作，推导出第5个动作。这道题非常简单，你只有20秒钟的时间思考。计时开始！

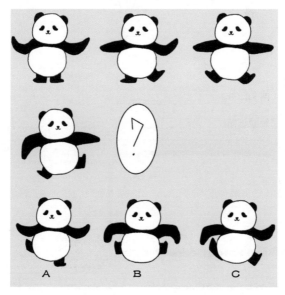

## 盲盒卡片

**1** 如果闯关失败，扣掉1枚金币。

**2** 如果闯关成功，得到1枚金币的同时，还可以抽取一张盲盒卡片，读取并完成任务。

剩余金币：＿＿＿＿＿＿

# 阅读笔记

**本节标题：** ＿＿＿＿＿＿＿＿＿＿＿＿＿＿

**问题类型：** ＿＿＿＿＿＿＿　　　**阅读时长**

数学思维启蒙超级训练

学习心得

**闯关任务：** ＿＿＿＿＿＿＿＿＿＿

**经验总结：** ＿＿＿＿＿＿＿＿＿＿＿＿＿＿

盲盒任务

**分享平台：** ＿＿＿＿＿＿＿

**剩余金币：** ＿＿＿＿＿＿＿

# 小女巫的海边生日派对 ——周期问题

## 知识锦囊

重复出现2次以上的现象称为周期现象。生活中方方面面都会涉及周期现象，比如物品的排列摆放、季节的循环更替，等等。

## 通关秘籍

周期问题：求第几个是什么。

**1** 总数÷周期长度=组数……余数。

**2** 总数÷周期长度=组数。

**3** 口诀：余几就是第几个，无余就是尾一个。

次数问题：求出现几次。

**1** 求组数。

**2** 每组出现的次数×组数+剩余。

## 解决问题

魔法星球的小女巫要在海边举办自己的生日派对，桌子上摆放了32块小蛋糕。有奶油味的、巧克力味的和香草味的，这三种口味的小蛋糕依次间隔摆放。你知道这些小蛋糕中奶油味的一共有多少块吗？

## 思维培养

第一步：观察小蛋糕的摆放规律。

奶油、巧克力、香草、奶油、巧克力、香草……奶油、巧克力、香草。

奶油、巧克力、香草为一组重复出现，所以周期为奶油、巧克力、香草。

第二步：32块小蛋糕一共分成了几组？

3块小蛋糕为一组，所以周期长度为3，32÷3=10（组），剩余2（块）

第三步：10组小蛋糕中一共有几块奶油蛋糕？

10（组）×1（个/组）=10（块）

第四步：剩余的2块小蛋糕中有没有奶油蛋糕呢？

因为周期是奶油、巧克力、香草，所以剩余的2块小蛋糕为奶油味的和巧克力味的，奶油味小蛋糕的总数：10+1=11（块）。

答案

11个。

## 超级挑战

安琪在自己的书上写下一串密码：3、5、1、3、5、1、3、5、1……一共写了20个数，那么这20个数的和是多少？

# 逻辑思维闯关训练——第21关

现在有5张卡片，上面分别写着1~5的数字，小凹老师分别给了麦斯和安琪每人1张卡片，他们并不知道对方卡片的数字。接下来，小凹老师问道："麦斯，你卡片上的数字比安琪的大还是小呢？"

麦斯摸了摸脑袋，回答道："这个……我不知道呀！"

根据以上信息，我们可以判断麦斯手里的卡片绝对不是哪两张？

## 盲盒卡片

1. 如果闯关失败，扣掉1枚金币。

2. 如果闯关成功，得到1枚金币的同时，还可以抽取一张盲盒卡片，读取并完成任务。

剩余金币：_____

# 阅读笔记

本节标题：_____

问题类型：_____ 阅读时长 [_____]

学习心得

数学思维启蒙超级训练

闯关任务：_____

经验总结：_____

盲盒任务

分享平台：_____

剩余金币：_____

# 小和尚吃馒头 ——鸡兔同笼进阶问题

## 知识锦囊

鸡兔同笼进阶，即将传统的鸡兔同笼问题进行变形，锻炼孩子的实践应用能力和逻辑思考能力。

## 通关秘籍

分组法。在日常生活中，只要仔细观察，很容易发现事物的规律，比如有些事物的数量是一组一组有序出现的，只要能够识别哪些数量是同一组的，并计算出总数量中包含多少个类似的同一组的数量，就能够轻松计算出这一组数量中每一种物品分别是多少个。

## 问题解决

妙音山上有一座寺庙，庙里有 100 个和尚在吃早斋。已知3个小和尚吃1个馒头，1个大和尚吃3个馒头，一共吃了100个馒头。你知道寺庙里有多少个小和尚、多少个大和尚吗？

## 思维培养

将 3 个小和尚和 1 个大和尚分成 1 组

第一步：计算每一组要吃几个馒头。

1 个馒头　　+　3 个馒头　=　4 个馒头

第二步：计算100个馒头可以分成几组。

100 个馒头

100 个馒头÷4 个馒头=25 组

第三步：计算一共有几个小和尚和几个大和尚。

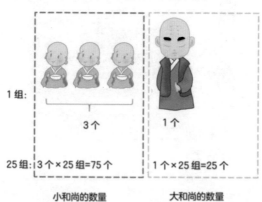

1 组：　　　　3 个　　　　　　1 个

25 组：3 个×25 组=75 个　　　1 个×25 组=25 个

小和尚的数量　　　　　大和尚的数量

答案

小和尚有75个，大和尚有 25 个。

# 逻辑思维闯关训练——第22关

这一关主要考察的是观察力与逆向思维能力，如下图所示。

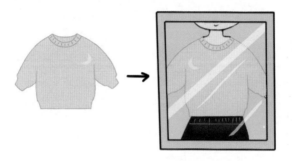

大家在照镜子的时候有没有发现一个有意思的现象，就像上面这件衣服，拿在手里看时，月牙在右边，但是穿上之后照镜子的时候，月牙就跑到左边了。

下面有四件衣服，哪一件无论是拿在手里看还是透过镜子看，都是完全一样的？

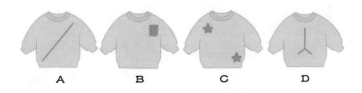

A       B       C       D

## 盲盒卡片

**1** 如果闯关失败，扣掉1枚金币。

**2** 如果闯关成功，得到1枚金币的同时，还可以抽取一张盲盒卡片，读取并完成任务。

剩余金币：＿＿＿＿＿＿＿

# 阅读笔记

**本节标题：** ＿＿＿＿＿＿＿＿＿＿＿＿＿＿＿＿

**问题类型：** ＿＿＿＿＿＿＿＿＿  **阅读时长** ［＿＿＿＿＿＿］

> 学习心得

数学思维启蒙超级训练

**闯关任务：** ＿＿＿＿＿＿＿＿＿＿＿＿

**经验总结：** 

＿＿＿＿＿＿＿＿＿＿＿＿＿＿＿＿＿＿＿＿＿＿＿

盲盒任务

**分享平台：** ＿＿＿＿＿＿＿＿

**剩余金币：** ＿＿＿＿＿＿

# 抛向天空的硬币 ——概率问题

## 知识锦囊

"事件发生的可能性"即概率的通俗解释，可能性分为不可能、可能、一定。

## 科普小知识

硬币的正反面：正面图案是面值，面值上方为"中国人民银行"，下方为发行年份。壹元币的背面图案为菊花及金额的汉语拼音字母，伍角币的背面图案为荷花及金额的汉语拼音字母，壹角币的背面图案为兰花及金额的汉语拼音字母。

## 问题解决

大超和小丽在玩抛硬币的游戏，现在有两枚硬币，如果都是正面朝上就算大超赢，如果一正一反就算小丽赢，你觉得谁获胜的可能性大？如果想让两人获胜的可能性一样大，应该怎样改游戏规则？

**思维培养**

　　此题我们可以先列举出硬币抛出后可能出现的情况：正正，正反，反正，反反。

可见，一正一反的可能性更大一些，所以小丽获胜的可能性更大。

如果想让两人获胜的可能性一样大，有下面三种改法。

第一种：如果两面一样就算大超赢，如果一正一反就算小丽赢。

出现"正正或反反"则大超赢，出现"正反或反正"则小丽赢。

第二种：如果正面都朝上就算大超赢，第一枚正第二枚反算小丽赢。

出现"正正"则大超赢，出现"正反"则小丽赢。

第三种：如果反面都朝上就算大超赢，第一枚反第二枚正算小丽赢。
出现"反反"则大超赢，出现"反正"则小丽赢。

# 逻辑思维闯关训练——第23关

接下来这一关考察的是创造力。下面这张图是由铜币组成的三角形，要求任意移动其中的三枚铜币，重新组成一个朝下的三角形。

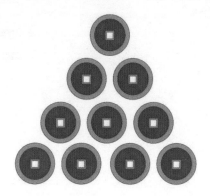

## 盲盒卡片

**1** 如果闯关失败，扣掉1枚金币。

**2** 如果闯关成功，得到1枚金币的同时，还可以抽取一张盲盒卡片，读取并完成任务。

剩余金币：_____

# 阅读笔记

本节标题: _____

问题类型: _____ 阅读时长 [_____]

**数学思维启蒙超级训练**

学习心得

闯关任务: _____

经验总结: _____

盲盒任务

分享平台: _____

剩余金币: _____

# 扑克牌里的秘密 ——组数问题

## 知识锦囊

用几个数字按照要求组成一个数或几个数的问题就是组数问题。

## 通关秘籍

**1** 数位不确定时，数位越多，则数越大；数位越少，则数越小。

**2** 当数位确定时，最高数位上的数决定一个数的大小。

## 问题解决

小青、小华在玩密室逃脱的游戏，密室的大门需要输入正确的密码才能打开。此时，大门上有5张扑克牌，用这 5 张扑克牌组成一个最大的数和一个最小的数，然后算出两个数的差，即为密码（每个数字只能用一次）。

你知道正确的密码是多少吗？

## 思维培养

第一步：思考"最小的数"是
几？

数位越少，数就越小，因此最
小的数肯定是一个一位数，即用数
字 1 组成最小的数。

第二步：用剩余的 2、3、4、5 组成的"最大的数"是几？

数位越多，数就越大，因此最大的数肯定是一个四位。然后，将每
个数位上的数字从高到低依次确定。

由于最高位决定这个数的大小，因此，要使这个四位数最大，则最高
位上的数字要最大。

用剩余的2、3、4这三个数字进行组数，按照数位从高到低进行排列。

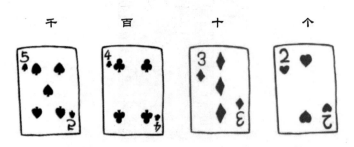

因此，最大的数为 5432。

第三步：求最大的数与最小的数的差。

5432-1=5431。

因此，大门的密码为 5431。

 答 案

5431。

**超级挑战**

用扑克牌 1、2、5、6 组成一个最大的三位数，你知道是多少吗（扑克牌可以旋转）？

## 逻辑思维闯关训练——第24关

接下来我们玩一个经典的火柴棍游戏，下面的图形分别是杯子和冰块，你能否只移动4根火柴棍，将冰块装进杯子里？冰块在60秒之后就会融化，所以拿出计时器，开始行动吧？

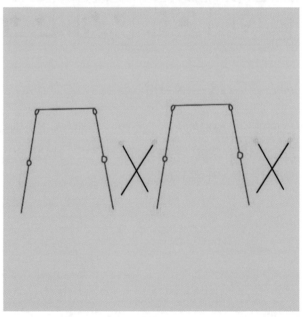

## 盲盒卡片

1. 如果闯关失败，扣掉1枚金币。

2. 如果闯关成功，得到1枚金币的同时，还可以抽取一张盲盒卡片，读取并完成任务。

   剩余金币：_____

# 阅读笔记

本节标题：_____

问题类型：_____　阅读时长 [　　　　　]

> 学习心得

数学思维启蒙超级训练

闯关任务：_____

经验总结：
_____

盲盒任务

分享平台：_____

剩余金币：_____

# 偷吃鱼的小猫 ——奇数和偶数

## 知识锦囊

奇数：不能被 2 整除的数就是奇数，也叫单数，如 1、3、5、7……

偶数：能被 2 整除的数就是偶数，如 0、2、4、6……

## 科普小知识

在中国文化里，"偶"有成双成对的意思，象征着和谐、吉祥。古代人认为偶数好，奇数不好，所以运气不好叫作"不偶"。人们在选择号码、结婚时间时，也会挑选 2、6、8 等偶数。

## 通关秘籍

**1** 奇数+奇数=偶数。

**2** 偶数+偶数=偶数。

**3** 奇数+偶数=奇数。

## 问题解决

猫妈妈钓了 17 条鱼，被三只小猫兄弟给偷吃光了，猫妈妈非常生气，就来问小猫们分别吃了几条。但小猫们非常狡猾，只告诉猫妈妈自己吃的是奇数条还是偶数条。老大和老二都说自己吃了奇数条鱼，老三说自己吃了偶数条鱼，猫妈妈马上对它们说："你们有人说谎！"你知道猫妈妈是怎样知道它们当中有人在说谎的吗？

## 思维培养

第一步：奇数+奇数=偶数。例如：

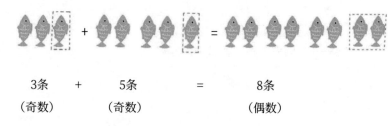

| 3条 | + | 5条 | = | 8条 |
|---|---|---|---|---|
| （奇数） | | （奇数） | | （偶数） |

第二步：偶数+偶数=偶数。例如：

| 2条 | + | 4条 | = | 6条 |
|---|---|---|---|---|
| （偶数） | | （偶数） | | （偶数） |

按照三兄弟所说的数目，它们所吃的鱼的总数为：奇数+奇数+偶数=偶数，而实际总数只有 17 条，17 为奇数，所以肯定有人在说谎。

## 逻辑思维闯关训练——第25关

左边的糖果罐表示整体，右边第一列分别是五种不同的糖果，第二列则是每块糖的价格以及剩余量，接下来就要考验你的数学功底了：现在假设你有9.5元，你最多能购买多少糖果？请在思维导图中填上答案。

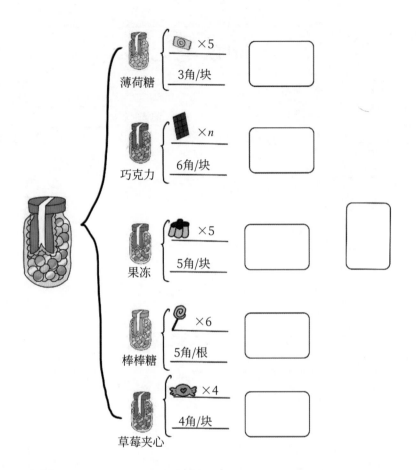

**盲盒卡片**

1 如果闯关失败，扣掉1枚金币。

2 如果闯关成功，得到1枚金币的同时，还可以抽取一张盲盒卡片，读取并完成任务。

　　剩余金币：_____

# 阅读笔记

本节标题：_____

问题类型：_____  阅读时长 ☐

数学思维启蒙超级训练

学习心得

闯关任务：_____

经验总结：_____

盲盒任务

分享平台：_____

剩余金币：_____

# "我要一步一步往上爬"——蜗牛爬井

## 知识锦囊

蜗牛爬井问题是一种经典的数学问题，能够有效锻炼处理数形结合问题的能力和思维的灵活性。

## 通关秘籍

1 实际爬的=向上爬的−向下滑的。

2 最后一次只向上爬，不向下滑。

## 问题解决

一只蜗牛沿着一口 18 米深的水井从井底往上爬。它每次向上爬 6 米，休息的时候又向下滑 2 米，这称为一次爬行。这只蜗牛第几次能够爬出水井？

## 思维培养

思路一：正向思考。

第一步：蜗牛每次实际爬几米？

向上爬的−向下滑的=实际爬的。

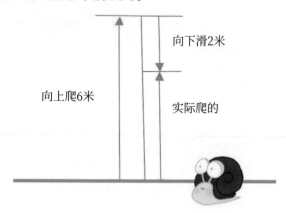

实际爬的：6−2=4（米）。

第二步：前 3 次实际一共爬了几米？

4×3=12（米）

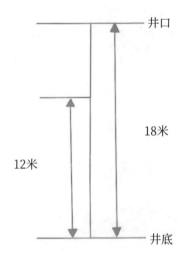

第三步：第 4 次向上爬，距离井口还差几米？

18-12=6（米）

第 4 次向上爬 6 米，蜗牛就可以直接爬出井口。

因此，蜗牛第 4 次能够爬出水井。

思路二：逆向思考。

第一步：蜗牛最后爬到井口就不再下滑，所以先预留出一口气向上爬的 6 米。爬这 6 米算作 1 次。

前面还剩：18-6=12（米）

第二步：每次向上爬几米？

向上爬的-向下滑的=实际爬的。

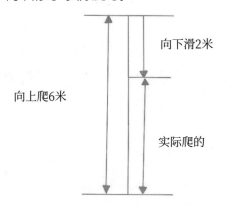

向下滑2米

向上爬6米

实际爬的

实际爬的：6-2=4（米）

第三步：前面剩下的 12 米需要爬几次？

12÷4=3（次）

第四步：一共几次？

1+3=4（次）

答案

4次。

# 逻辑思维闯关训练——第26关

这一关考察的是计算能力与图形判断能力。麦斯的妈妈最近给他买了20双袜子，一共有两种图案，一种是条纹袜，另一种是圆点袜。妈妈告诉麦斯，条纹袜与圆点袜的比例是2:3，让他计算出条纹袜的数量。

　　2 : 3　　

条纹袜　　　　　　　　　　圆点袜

## 盲盒卡片

**1** 如果闯关失败，扣掉1枚金币。

**2** 如果闯关成功，得到1枚金币的同时，还可以抽取一张盲盒卡片，读取并完成任务。

剩余金币：＿＿＿＿＿＿

# 阅读笔记

本节标题：＿＿＿＿＿＿＿＿＿＿＿＿＿＿

问题类型：＿＿＿＿＿＿＿＿ 阅读时长

学习心得

数学思维启蒙超级训练

闯关任务：＿＿＿＿＿＿＿＿

经验总结：＿＿＿＿＿＿＿＿＿＿＿＿＿

盲盒任务

分享平台：＿＿＿＿＿＿＿

剩余金币：＿＿＿＿＿

# 爱喝汽水的麦斯 ——兑换问题

## 知识锦囊

"空瓶换饮料"的游戏目标是根据兑换规则，获得最多的饮料。

## 通关秘籍

画兑换图，表示出兑换过程。

## 问题解决

麦斯踢足球累得大汗淋漓，于是到小卖部买汽水。小卖部规定：每3个空汽水瓶可以换1瓶汽水。麦斯买了10瓶汽水，如果小卖部可以借给他若干个空汽水瓶，但要求他喝完全部汽水后归还，除了自己购买的10瓶汽水之外，麦斯最多还可以喝到多少瓶汽水？

## 思维培养

第一步：麦斯买了10瓶汽水，喝完之后剩10个空瓶。

第二步：根据小卖部的规定，每3个空汽水瓶可以换1瓶汽水。

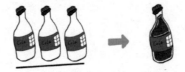

那么，目前有10个空瓶，可以换3瓶汽水，多出1个空瓶。

第三步：3瓶汽水喝完之后，剩下3个空瓶，还能再换1瓶汽水。

第四步：最开始多出来的1个空瓶+刚喝完的1个空瓶+向小卖部借的1个空瓶=1瓶汽水。

第五步：至此，麦斯已经可以多喝到5瓶汽水了。为了更直观地展示，我们通过思维导图的形式予以呈现。

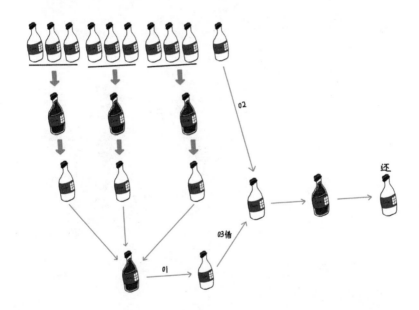

# 逻辑思维闯关训练——第27关

胖虎与二狗是兄弟俩，其实胖虎是一只猫，主人给它起了一个很霸气的名字，希望能把它和二狗养得胖胖的，每天"好酒好菜"伺候着，它们却表示没有食欲，总是一副营养不良、无精打采的样子，主人也很无奈。

更令主人气愤的是，胖虎与二狗经常说谎。这不，它们之中有一个家伙又在说谎了，你知道是谁吗？

已知胖虎与二狗其中一个在说谎，但是不知道另一个是否也在说谎。请问：胖虎与二狗哪个是哥哥？

**盲盒卡片**

**1** 如果闯关失败，扣掉1枚金币。

**2** 如果闯关成功，得到1枚金币的同时，还可以抽取一张盲盒卡片，读取并完成任务。

剩余金币：＿＿＿＿＿＿＿

# 阅读笔记

本节标题：_____

问题类型：_____ 阅读时长 [_____]

数学思维启蒙超级训练

> 学习心得

闯关任务：_____

经验总结：_____
_____

盲盒任务

分享平台：_____

剩余金币：_____

# 粗心的安琪 ——错看问题

## 知识锦囊

错看问题即看错了算式中的数或符号，然后算出了错误的答案，需要根据已知线索计算出正确的答案，错看问题游戏可以提升孩子的运算求解能力。

## 通关秘籍

将错就错，写出错误的算式，求出不变量。

## 问题解决

安琪在做两位数加法题时，由于粗心，把一个加数个位上的3看成了8，把十位上的4看成了7，结果得到的答案是90。那么，正确的答案应该是多少？

$$+ \quad \uparrow$$
$$4 \quad 3$$
$$+ \boxed{\phantom{0}} \boxed{\phantom{0}}$$
$$? \quad ?$$
正确

$$+ \quad \uparrow$$
$$7 \quad 8$$
$$+ \boxed{\phantom{0}} \boxed{\phantom{0}}$$
$$9 \quad 0$$
错误

**思维培养**

思路一：将正确竖式和错误竖式都列出来，其中安琪只看错了一个加数，另一个加数一直不变。

第一步：通过错误算式计算出另一个加数。

$90-78=12$

$$+ \quad \uparrow$$
$$7 \quad 8$$
$$+ \boxed{1} \boxed{2}$$
$$9 \quad 0$$
错误

第二步：正确的结果为：$43+12=55$。

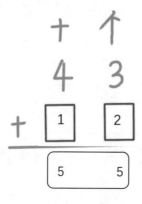

思路二：由于错把个位上的3看成8，就多加了5；错把十位上的4看成了7，又多加了30，这样一共多加了35。所以正确答案应该是90−35=55。

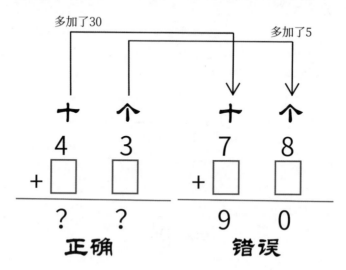

思路三：正确的数是43，错误的数是78，多加了78-43=35，正确的答案：90-35=55。

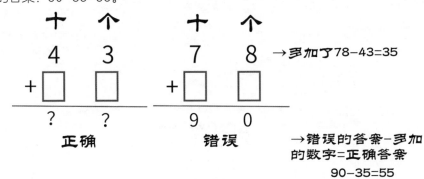

55。

## 逻辑思维闯关训练——第28关

这一关是一道图形规律题，请看下图。

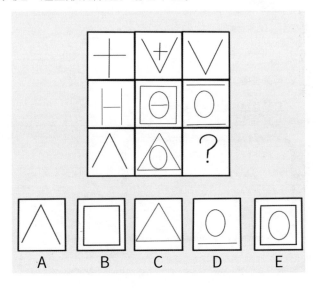

**盲盒卡片**

① 如果闯关失败，扣掉1枚金币。

② 如果闯关成功，得到1枚金币的同时，还可以抽取一张盲盒卡片，读取并完成任务。

剩余金币：＿＿＿＿＿＿

# 阅读笔记

本节标题：＿＿＿＿＿＿＿＿＿＿

问题类型：＿＿＿＿＿＿　　阅读时长 _____

学习心得

数学思维启蒙超级训练

闯关任务：＿＿＿＿＿＿＿＿

经验总结：＿＿＿＿＿＿＿＿

盲盒任务

分享平台：＿＿＿＿＿＿＿

剩余金币：＿＿＿＿＿＿

# 喵星人的油瓶 ——倒油问题

## 知识锦囊

倒油问题即通过几个不同的容器来分油，最终得到想要的结果。在这个过程中，能有效锻炼孩子的动手操作能力和思辨力。

## 通关秘籍

先计算凑数，再进行操作。

## 问题解决

喵星人用一个大油瓶装了8千克油，现在要将这些油分成两个4千克，但是没有秤和其他东西，只有一个能装5千克油的中等油瓶和一个能装1千克油的小油瓶。你能帮帮喵星人利用这3个油瓶将油分开吗？

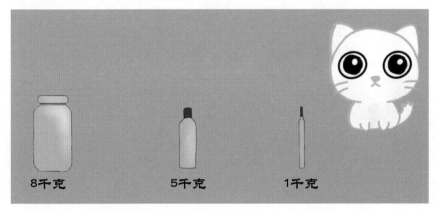

8千克　　　　5千克　　　　1千克

## 思维培养

现在我们只有3个容器，分别能盛8千克、5千克和1千克的油。最终要凑出两个4千克，其实就是用8、5、1凑两个4。让我们用简单的加减法来计算吧!

(1) 5-1=4

(2) 8-5=3, 3+1=4

第一步:根据算式(1),先把能装5千克油的中等油瓶装满,然后用中等油瓶中的油把小油瓶装满。这时,中等油瓶中只剩下4千克油了。

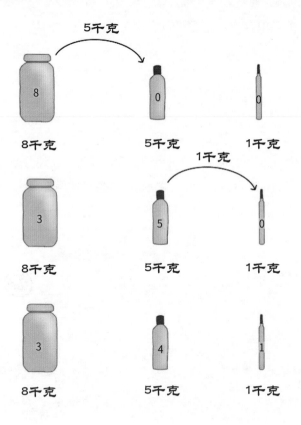

第二步:根据算式(2),再把小油瓶中的1千克油倒入大油瓶中,则大油瓶中的油也有4千克了。

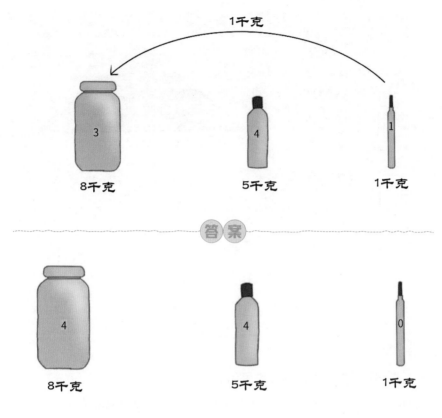

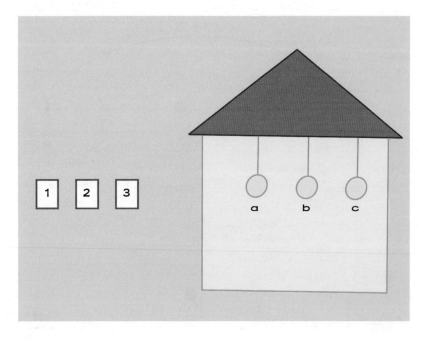

## 盲盒卡片

1 如果闯关失败，扣掉1枚金币。

2 如果闯关成功，得到1枚金币的同时，还可以抽取一张盲盒卡片，读取并完成任务。

剩余金币：_____

# 阅读笔记

本节标题：_____

问题类型：_____ 阅读时长 _____

学习心得

**数学思维启蒙超级训练**

闯关任务：_____

经验总结：

_____

**盲盒任务**

分享平台：_____

剩余金币：_____

# 大眼怪与红苹果 ——颠倒三角形

## 知识锦囊

　　通过颠倒三角形游戏，能够有效锻炼孩子的空间感知能力和动手操作能力。

## 通关秘籍

　　先画出目标图形，再进行对比。

## 问题解决

　　（1）6只大眼怪站成了下面这个三角形，只移动2只大眼怪，怎样才能使这个三角形倒过来？请动手移一移。

（2）10只苹果摆成了下面这个三角形，只移动3个苹果，怎样才能使这个三角形倒过来？请动手移一移。

**思维培养**

要想使三角形倒过来，最关键的就是把三角形朝下的"尖"变成朝上的"尖"。

（1）

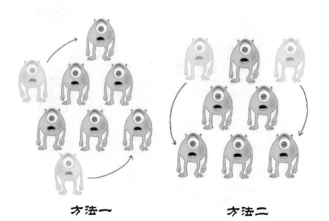

方法一　　　　　　　　方法二

（2）

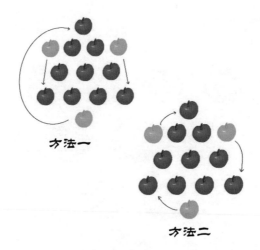

方法一

方法二

## 逻辑思维闯关训练——第30关

麦斯的袋子里装着4个球，一个黑色，一个白色，两个红色。麦斯打开口袋取出了两个球，其中一个是红色的，请问另一个球也是红色的可能性是多少？

**盲盒卡片**

**1** 如果闯关失败，扣掉1枚金币。

**2** 如果闯关成功，得到1枚金币的同时，还可以抽取一张盲盒卡片，读取并完成任务。

剩余金币：＿＿＿＿＿＿

## 阅读笔记

本节标题：＿＿＿＿＿＿＿＿＿＿＿＿＿

问题类型：＿＿＿＿＿＿＿＿＿  阅读时长 ＿＿＿＿＿

学习心得

数学思维启蒙超级训练

闯关任务：＿＿＿＿＿＿＿＿＿＿

经验总结：＿＿＿＿＿＿＿＿＿＿＿＿＿＿＿

盲盒任务

分享平台：＿＿＿＿＿＿＿＿

剩余金币：＿＿＿＿＿＿＿＿

# 如何让瓶口都朝下呢？ ——翻杯子问题

## 知识锦囊

翻杯子问题能够有效培养孩子的动手操作能力和思辨力。

## 问题解决

安琪把5个瓶子摆在桌子上，瓶口朝上，如果每次只允许翻3个，那么至少翻几次，可以将这些瓶子都变成瓶口朝下的呢？

## 思维培养

至少翻3次，才可能将这些瓶子都变成瓶口朝下，方法不唯一。

第一次翻左起第1、2、3个瓶子，翻后成为：

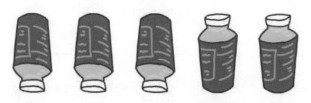

第二次翻左起第2、3、4个瓶子，翻后成为：

第三次翻左起第2、3、5个瓶子，翻后成为：

## 思维拓展

桌子上有7个倒放着的杯子。每次翻3个，最少翻几次，才能使倒放着的7个杯子都杯口朝上，如果实在想不出来，就找出7个杯子试一试吧。

第一次翻从左数起的第1、2、3三个杯子，翻后成为：

第二次翻从左数起的第3、4、5三个杯子，翻后成为：

第三次翻从左数起的第3、6、7三个杯子，翻后成为：

## 逻辑思维闯关训练——第31关

美国一座边陲小镇发生了一起劫狱案件，虎鲨帮的人突然包围了小镇唯一的警察局，并要求警长在30分钟之内释放一名帮派成员，否则就将警局夷为平地。

然而，警员们遇到一个棘手的问题，他们随身配备的手枪根本不足以对抗虎鲨帮，必须进入枪械库拿更先进的冲锋枪才行。

由于小镇从未发生过严重的暴力事件，为了进行枪支管制，前任警长特意设置了一道谜题，只有解开谜题才能进入枪械库。

如下图所示，要求拿走4把枪，然后重新排列剩余的枪支，使第一行、第三行，第一列、第三列仍然保持9把枪。

你能帮帮这些警员吗？

注意，下图中的枪支为三行三列，不要看作三行九列哦。

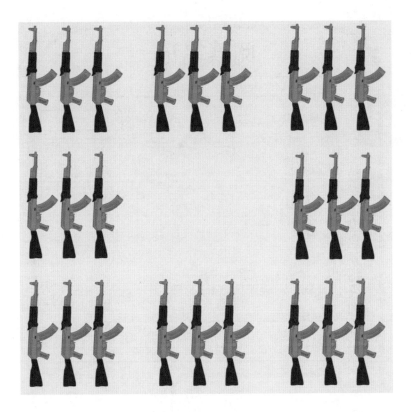

## 盲盒卡片

1. 如果闯关失败，扣掉1枚金币。

2. 如果闯关成功，得到1枚金币的同时，还可以抽取一张盲盒卡片，读取并完成任务。

剩余金币：＿＿＿＿＿＿

# 阅读笔记

本节标题：_____

问题类型：_____ 阅读时长 _____

**数学思维启蒙超级训练**

学习心得

闯关任务：_____

经验总结：_____

盲盒任务

分享平台：_____

剩余金币：_____

# 蜘蛛侠分西瓜 ——移多补少

## 知识锦囊

所谓移多补少，指的是日常生活中经常遇到一些不相等的情况，如果想要将不相等转化为相等，就需要通过比较找出哪一份更多，将多出的分为两部分，其中一部分补给少的那份，这样两份就一样多了。

## 问题解决

某日，负责街道治安的蜘蛛侠在街上巡逻，看见三只小猫在西瓜摊前面争吵，经过询问得知，他们在为谁先吃西瓜而争吵。

见状，蜘蛛侠把9个西瓜分成三堆。每个西瓜上都贴有数字，既表示编号，也表示重量。蜘蛛侠对三只小猫说："三堆西瓜的重量不相等，谁能交换两个西瓜的位置，使三堆西瓜的重量相等，谁就先吃。"

老大走上前，把2号瓜放到第三堆，搬起1号瓜放到第二堆。蜘蛛侠说："不对，不对。"

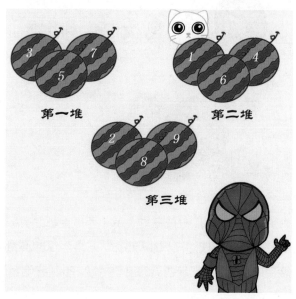

老二走上前，把5号瓜放到第三堆，把8号瓜放到第一堆。蜘蛛侠说："不对，不对。"

老三走上前，把两个西瓜交换了位置。蜘蛛侠说："老三爱动脑筋，换得对，大家要向他学习。现在，老三可以先吃西瓜了。"小朋友，你知道老三是怎样做的吗？

## 思维培养

从本故事中抽取数学问题：怎样移动才能使三堆西瓜的重量相等呢？

第一堆西瓜的重量3+5+7=15（千克）。

第二堆西瓜的重量2+6+4=12（千克）。

第三堆西瓜的重量1+8+9=18（千克）。

如果从第三堆中拿出3千克给第二堆，那么这三堆西瓜的重量就都是15千克了。

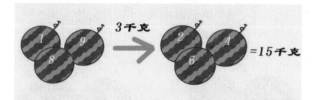

为了达到这个目的，我们可以把第三堆中9千克的西瓜和第二堆中6千克的西瓜换一下。

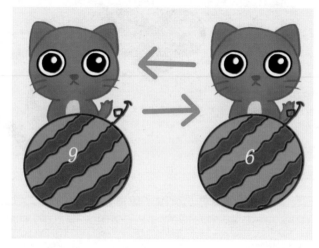

这样1+8+6=2+4+9=15（千克）了。

## 逻辑思维闯关训练——第32关

解决了抢西瓜的问题，蜘蛛侠继续巡逻，本以为又是天下太平的一天，没想到却遇到了一起劫持人质的事件。根据警方信息，凶犯是一位精神病人，劫持了三名人质，他提出的谈判要求也十分奇怪。

如下图所示，分别有白、黄、蓝、红四种颜色的小球，与白、黄、蓝、红四种颜色的四个箱子，凶犯要求三名人质蒙上眼睛，把不同颜色的球放入相应颜色的箱子里面，每个箱子里面只能放一个球。

凶犯只说了一句话："你们听好了，接下来的话事关生死，你们只需要将其中3组搭配起来就可以生还。记住，只有3组哦！"

提问：

1 按照凶犯的说法，最后会有人质生还吗？

2 如果你是蜘蛛侠，你会怎么办？

**盲盒卡片**

1 如果闯关失败，扣掉1枚金币。

2 如果闯关成功，得到1枚金币的同时，还可以抽取一张盲盒卡片，读取并完成任务。

剩余金币：_____

# 阅读笔记

本节标题：＿＿＿＿＿＿＿＿＿＿＿＿＿＿＿＿＿

问题类型：＿＿＿＿＿＿＿＿　　阅读时长

数学思维启蒙超级训练

学习心得

闯关任务：＿＿＿＿＿＿＿＿＿＿

经验总结：

＿＿＿＿＿＿＿＿＿＿＿＿＿＿＿＿＿＿＿＿＿＿＿

盲盒任务

分享平台：＿＿＿＿＿＿＿＿

剩余金币：＿＿＿＿＿＿

# 三个人都过桥需要多久？——过桥问题

## 知识锦囊

> 过桥问题是常见的数学问题，目的是让学生合理安排做事顺序，将能够同时做的事情放在一起做，节省时间。

## 通关秘籍

慢者决定时间。

## 问题解决

有一座桥，每次最多只能走两个人。天黑了，有三个人要过桥，甲单独过桥，需要1分钟；乙胆子最小，单独过桥需要6分钟；丙单独过桥，需要3分钟。但他们只有一盏灯，没有灯照路无法过桥，那么要使他们三个人都过桥，最少需要多长时间呢？

## 思维培养

要想最快地通过这座桥，就要让快者来回送灯。显然，甲的速度最快，只需要1分钟。

第一次：甲和乙过桥，用时6分钟。

第二次：乙留下，甲回去接丙，用时1分钟。

别怕，我接你过去！

第三次：甲和丙一起过桥，用时3分钟。

共用时：6＋1＋3=10（分钟）。

## 逻辑思维闯关训练——第33关

今年，黑猫警长晋升为警局局长，一向对警员们严格要求的他，将每周五定为射击训练日。这不，周五到了，虽然身为局长，但是黑猫警长依旧以身作则，带警员们一起来到靶场训练。

为了给枯燥的射击训练增加一些乐趣，同时也为了锻炼警员们的逻辑思维能力，黑猫警长给警员们出了一道题。他先是在靶子上写下了几个数字，代表相应的分数，然后讲道："你们现在只有一把柯尔特左轮手枪，但我要求你们打出100分的成绩，谁能做到？"

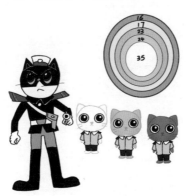

## 盲盒卡片

**1** 如果闯关失败，扣掉1枚金币。

**2** 如果闯关成功，得到1枚金币的同时，还可以抽取一张盲盒卡片，读取并完成任务。

剩余金币：＿＿＿＿＿＿＿

# 阅读笔记

本节标题：＿＿＿＿＿＿＿＿＿＿＿＿＿＿＿

问题类型：＿＿＿＿＿＿＿＿　　阅读时长

数学思维启蒙超级训练

学习心得

闯关任务：＿＿＿＿＿＿＿＿＿＿＿

经验总结：＿＿＿＿＿＿＿＿＿＿＿＿＿＿＿

盲盒任务

分享平台：＿＿＿＿＿＿＿

剩余金币：＿＿＿＿＿＿＿

# 钟表怎么不准了？ ——时间的计算

## 知识锦囊

时间的计算，目的是使孩子能够正确认识时间，并进行简单的计算，从而加强时间观念。

## 问题解决

下图中的三个钟表，有一个快10分钟，有一个快25分钟，还有一个慢30分钟。请问：现在的准确时间是几时几分？

## 思维培养

根据题目要求，其中一个钟表快10分钟，一个钟表快25分钟，可知这两个钟表的时间相差25-10=15（分钟）。

第一个钟表：1:00。

第二个钟表：1:40。

第三个钟表：1:55。

由此可以判断，快10分钟的是第二个钟表，快25分钟的是第三个钟表。

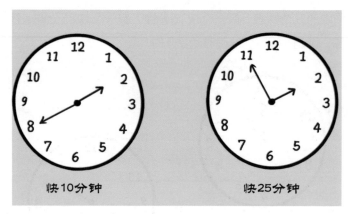

验证：

第二个钟表快10分钟，精准时间应该是1:30。

第三个钟表快25分钟，精准时间应该是1:30。

再来验证第一个钟表，题干说的是"慢30分钟"，那么精准时间是1:30。

验证无误，因此准确时间是1:30。

# 逻辑思维闯关训练——第34关

既然这一节讲到了时钟，我们就设计一道关于时钟规律的题目。如下图所示，请根据图1、图2、图3的规律，推断出图4的具体时间。

## 盲盒卡片

**1** 如果闯关失败，扣掉1枚金币。

**2** 如果闯关成功，得到1枚金币的同时，还可以抽取一张盲盒卡片，读取并完成任务。

剩余金币：＿＿＿＿＿＿

# 阅读笔记

本节标题: _____

问题类型: _____    阅读时长 [_____]

数学思维启蒙超级训练

学习心得

闯关任务: _____

经验总结: _____

盲盒任务

分享平台: _____

剩余金币: _____

## 今天我当家 ——统筹时间

### 知识锦囊

通过家务劳动，让孩子体会时间安排的巧妙之处，掌握统筹安排的方法，并能够在生活中应用。

### 通关秘籍

先确定先后顺序，再找到能同时做的事。

### 问题解决

周末安琪帮妈妈做家务，需要做的事情如下。

· 拖地，需要15分钟。

· 擦桌子，需要10分钟。

· 收集脏衣服，需要5分钟。

· 用洗衣机洗衣服，需要30分钟。

· 晾衣服，需要5分钟。

请问，安琪怎样安排这些事情才能用时最短？最短需要多长时间？

## 思维培养

**1** 哪些事情是必须有先后顺序的？

收集脏衣服—洗衣机洗衣服—晾衣服。

**2** 哪些事情是可以同时做的？

拖地、擦桌子，这两件事可以在洗衣服时做。

**3** 安排做事顺序。

收集脏衣服（5分钟）→洗衣机洗衣服（30分钟）【拖地（15分钟）+擦桌子（10分钟）】→晾衣服（5分钟）。

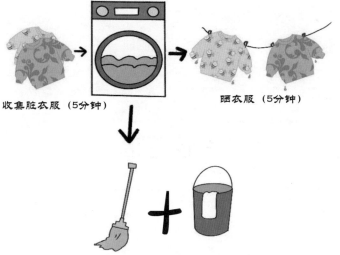

洗衣机洗衣服（30分钟）

收集脏衣服（5分钟）

晒衣服（5分钟）

拖地（15分钟）+擦桌子（10分钟）

总时间：5＋30＋5=40（分钟）

## 逻辑思维闯关训练——第35关

这一关我们放松一下，做一道图形规律题。如下图所示，"?"处的图形是什么？

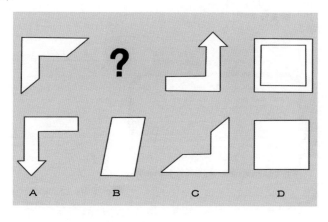

**盲盒卡片**

1 如果闯关失败，扣掉1枚金币。

2 如果闯关成功，得到1枚金币的同时，还可以抽取一张盲盒卡片，读取并完成任务。

剩余金币：_____

## 阅读笔记

本节标题：_____

问题类型：_____     阅读时长 [_____]

数学思维启蒙超级训练

学习心得

闯关任务：_____

经验总结：

_____

盲盒任务

分享平台：_____

剩余金币：_____

# 奶奶家的鸡和兔 ——鸡兔同笼问题

## 知识锦囊

　　鸡兔同笼是中国古代的数学名题之一。大约在1500年前，《孙子算经》中记载了这个有趣的问题：今有雉兔同笼，上有三十五头，下有九十四足，问雉兔各几何？

　　意思是：有若干只鸡兔同在一个笼子里，从上面数，有35个头；从下面数，有94只脚。问笼中各有多少只鸡和兔？

　　这是有着上千年历史的数学趣题。像这样的问题，我们该如何解决呢？

## 通关秘籍

　　假设法是一种常见的解题方法，指的是根据题目中的已知条件或结论做出某种假设，然后按照已知条件进行推算，根据数量方面出现的矛盾适当调整，从而找到正确答案。

## 问题解决

　　奶奶家的笼子里养了鸡和兔，数数头有10个，数数脚有30只，那么笼子里有几只鸡和几只兔呢？

## 思维培养

假设笼子里全是鸡。笼子里有10个头，那么就假设有10只鸡。

1️⃣ 每只鸡有2只脚，则总脚数：10×2=20（只）。

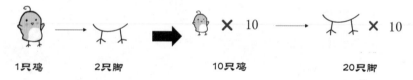

1只鸡　　　2只脚　　　　　　10只鸡　　　　　20只脚

2️⃣ 根据题中信息，笼子里共有30只脚。

3️⃣ 算一算相差的脚数：30-20=10（只）。

4️⃣ 为什么少了10只脚呢？如果每只鸡再添上2只脚会变成什么？

+ ＝？

5️⃣ 对啦，会变成兔子！那么再添10只脚，变出的兔子是：10÷2=5（只）。

6 鸡的数量：10-5=5（只）。

**超级挑战**

有一些鸡和兔子在一起玩耍，一共有14个头，40只脚，请问有几只鸡几只兔子？

## 逻辑思维闯关训练——第36关

美国洛杉矶警方收到线报，在一处偏僻的市郊有一个小酒馆常年贩卖葡萄酒，有证据显示卖酒是幌子，实际上酒桶里藏着违禁品。

洛杉矶警方非常重视。

经过调查发现，这家酒馆里一共只有6只酒桶，每只酒桶上面写着具体的容量，酒馆老板每天白天卖完了就关门回家。

这一点很不寻常，晚上才是酒馆生意最好的时候，这个老板太奇怪了。随着调查的深入，警方发现，这个酒馆每一次都是一些街头小混混前来光顾，而且一般都是三个人一个接着一个进店买酒。

警方正是根据这些信息，判定这家酒馆的老板并不是以卖酒为生，而是在贩卖违禁品。警方发现，这些人非常狡猾，每次前来的三个人只有一个人会携带违禁品，一旦抓错就没有机会了。

在蜘蛛侠的帮助下，警方终于等来了机会，蜘蛛侠表示，这次第一个进店的人将会买走两桶葡萄酒，第二个人买走的葡萄酒将会是第一个人的两倍，那么剩下的那桶酒里面就装着违禁品。

那么，如果你是警察，能够算出哪一桶里面装着违禁品吗？

## 盲盒卡片

1 如果闯关失败，扣掉1枚金币。

2 如果闯关成功，得到1枚金币的同时，还可以抽取一张盲盒卡片，读取并完成任务。

剩余金币：＿＿＿＿＿＿

# 阅读笔记

本节标题：_____

问题类型：_____ 阅读时长

**数学思维启蒙超级训练**

学习心得

闯关任务：_____

经验总结：

盲盒任务

分享平台：_____

剩余金币：_____

# 麦斯一共赚了多少钱 ——买卖问题

## 知识锦囊

通过商品的买进卖出，可以让孩子体会加减法在生活中的实际应用，激发孩子的学习兴趣。

## 通关秘籍

用加减法计算每次交易的盈亏。

## 问题解决

麦斯在书店花200元买了一本书，转手以250元卖给了别人。后来他后悔了，花270元买回了这本书，第二天他又以300元卖了这本书，结果又后悔了，花320元买了回来。第三天，他又把书卖了，只卖了280元。请问：麦斯一共赚了多少钱？

终于卖出去啦！

## 思维培养

第一次交易：花200元买进，以250元卖出，赚了250-200=50（元）。

第二次交易：花270元买进，以300元卖出，赚了300-270=30（元）。

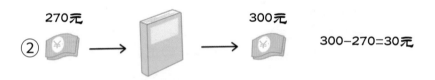

经过两次的买进卖出，麦斯赚了50+30=80（元）。

50+30=80元

麦斯赚了80元。

第三次交易：麦斯花了320元买进，以280元卖出，亏了320－280=40（元）。

用赚的钱减去亏的钱：80－40=40（元），所以，麦斯赚了40元。

80－40=40元

麦斯赚了40元。

## 逻辑思维闯关训练——第37关

美国硅谷一位超级富豪的儿子被绑架了，这位心急如焚的父亲找到了蜘蛛侠，求他解救自己的儿子。蜘蛛侠很快锁定了富豪儿子皮特的位置，他被关在一处郊区的别墅中。

然而，当蜘蛛侠拿到别墅的平面图之后，才发现皮特被关在一处精心设计的迷宫中。由于迷宫设计复杂，所以绑匪根本没有安排守卫，他们不相信有人可以在60秒内走出迷宫。

① 60秒内走出迷宫，否则警报响起，解救行动失败。

② 不能走重复路线。

③ 一共3次营救机会。

## 盲盒卡片

① 如果闯关失败，扣掉1枚金币。

② 如果闯关成功，得到1枚金币的同时，还可以抽取一张盲盒卡
片，读取并完成任务。

剩余金币：＿＿＿＿＿

# 阅读笔记

本节标题: _____

问题类型: _____ 阅读时长 [        ]

**数学思维启蒙超级训练**

学习心得

闯关任务: _____

经验总结:
_____

盲盒任务

分享平台: _____

剩余金币: _____

# 最多能切多少块比萨？ ——切比萨问题

## 知识锦囊

"切比萨"问题需要通过切最少的次数切出最多的块数，可以锻炼孩子的动手操作能力和思辨能力。

## 通关秘籍

想要切出的块数最多，需要让每一刀的切痕都相交，并且交点在面上。观察不同刀数与块数的关系，找到其中的规律。

## 问题解决

麦斯和安琪比赛切比萨，两人各切一张比萨（不计厚度），把比萨切5刀，谁切的块数最多谁就获胜。你知道最多能切成多少块吗？

## 思维培养

我们知道，一块圆形比萨，切1刀只能切成2块。如果切2刀，一般能切成4块。现在要使切后所得的块数最多，切的时候就要使每条直线都相交，切3刀，就要使3条直线都两两相交，这样切3刀最多能切成7块。切4刀，就要使4条直线都两两相交，这样切4刀最多能切成11块。如下图所示。

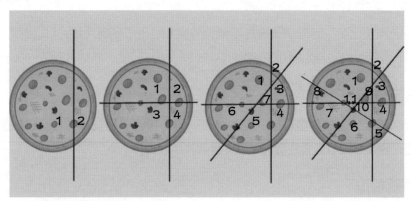

切1刀比原来多了1块。

由切1刀到切2刀，多了2块。

由切2刀到切3刀，多了3块。

由切3刀到切4刀，多了4块。

| 切1刀 | 切2刀 | 切3刀 | 切4刀 | …… |
|---|---|---|---|---|
| 最多2块 | 最多4块 | 最多7块 | 最多11块 | …… |
| 增加1块 | 增加2块 | 增加3块 | 增加4块 | …… |
| 1+1=2 | 1+1+2=4 | 1+1+2+3=7 | 1+1+2+3+4=11 | …… |

这样我们就能发现一个规律：每次多切1刀，增加的块数和总刀数相同。以此类推，切5刀就比切4刀多5块，就是能切成16块，所以麦斯和安琪最多能切出16块。

最后我们发现，如果用$n$表示切的刀数，那么最多切得的块数就应该是$1+1+2+3+\cdots\cdots+n$。

# 逻辑思维闯关训练——第38关

蜘蛛侠成功解救出皮特，然而蜘蛛侠从皮特口中得知，其他几位硅谷富豪的孩子也被绑架了，他们正在各自的房间内。

虽然没有准备，但是蜘蛛侠还是决定救出其他孩子。小皮特的记忆力惊人，画出了一张平面图。经过分析，蜘蛛侠认为本次行动最难的地方在于信息记忆，他必须在60秒内记住每个孩子的名字以及所在房间，然后按照设计好的路线进行营救。

信息如下。

安德鲁与约瑟夫住在主卧室；埃文斯与罗伯特住在有阳台的房间；芭芭拉与辛迪住在主客厅；露西与古德温兄妹住在有壁炉的客厅；芭芭拉的狗Candy在储物间（狗的项圈上面有录音装置，这是非常重要的证据）。

假设你就是蜘蛛侠，你需要在60秒之内记住上述信息，并填入下面的平面图，如果填错或者超时，此次任务就算失败。计时开始！

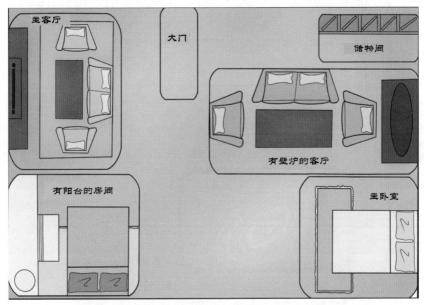

## 盲盒卡片

**1** 如果闯关失败，扣掉1枚金币。

**2** 如果闯关成功，得到1枚金币的同时，还可以抽取一张盲盒卡片，读取并完成任务。

剩余金币：＿＿＿＿＿＿＿＿

# 阅读笔记

**本节标题：**＿＿＿＿＿＿＿＿＿＿＿＿＿＿

**问题类型：**＿＿＿＿＿＿＿＿ **阅读时长**

数学思维启蒙超级训练

学习心得

**闯关任务：**＿＿＿＿＿＿＿＿＿＿

**经验总结：**

盲盒任务

**分享平台：**＿＿＿＿＿＿＿＿

**剩余金币：**＿＿＿＿＿＿

# 超级附赠资源——桌游玩具：数字纸牌之 心算王者

## 游戏说明

参与人数：2-6人

道具：数字卡片（1-100）

## 游戏规则

· 选出一位发牌者，也是监督人。

· 发牌人根据孩子的能力制定相应的规则，如下所示。

5-7岁：只进行加减法运算，数字控制在50以下；

7-9岁：加减乘除四则运算，根据孩子的计算能力调整数值；

9岁+：加入平方根等运算。

· 发牌者随机抽出9张卡牌，摆成九宫格形状。

· 玩家思考这些卡牌中的任意三张或三张以上的数字，是否可以组成一个等式。例如：

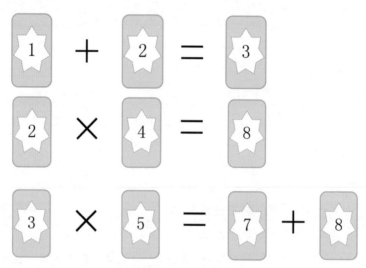

1 等式只允许使用加、减、乘、除、平方根。

2 九宫格里面的卡牌只允许使用一次。

3 卡牌数量不得少于3张。

玩家发现等式之后要第一时间喊出结果，之后其他玩家就不能喊了。

第一位发现等式的玩家只需要证明他的等式成立，即向其他玩家证明自己的推导过程，就可以赢走这些参与运算的纸牌。例如：1+2=3，该等式成立，那么1、2、3这三张纸牌就归第一位发现等式的玩家了。

如果第一位发现等式的玩家无法证明等式成立，那么下一局将会被扣掉15秒，也就是说在15秒之后才能回答。

接下来，发牌者补上新牌，让桌面始终保持9张牌，继续新的一局。

直到所有纸牌发完，游戏结束，谁赢的纸牌最多谁就是心算王者！

补充：如果牌没有发完，而所有玩家都无法在桌上的9张牌中找到等式，那么发牌者可以随机拿回3张牌，再补发3张牌到桌子上。

## 逻辑思维闯关训练答案

### 逻辑思维闯关训练——第1关

### 逻辑思维闯关训练——第2关

### 逻辑思维闯关训练——第3关

这道题很容易，从颜色规律进行判断就可以。

第一行规律：绿+黄+橙

绿+黄+橙&绿+黄+橙&绿+黄+？

？=橙

第二行规律：粉+绿+蓝+橙

粉+绿+蓝+橙&粉+绿+蓝+橙&粉+绿+蓝+？

？=橙

第三行规律：橙+蓝+绿+黄

橙+蓝+绿+黄&橙+蓝+绿+黄&橙+蓝+绿+？

？=黄

## 逻辑思维闯关训练——第5关

答案:B

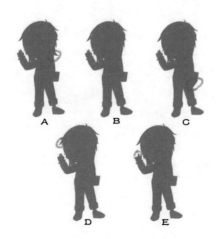

## 逻辑思维闯关训练——第7关

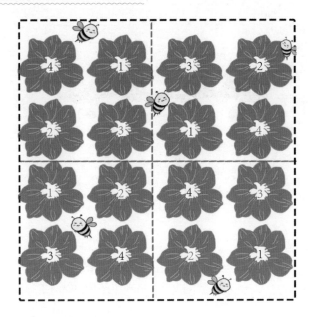

## 逻辑思维闯关训练——第9关

答案D，你答对了吗？

这是一道典型的图形规律题，考验的是观察力与推理能力。看到这张图片之后，你应该很快意识到，唯一有变化的地方就是海盗狗的眼睛。

通过观察，我们发现图1的左眼与右眼合并之后，正好是图2的左眼，图2的右眼则是一个新的图形。

图1　　　　　　图2

　　按照这个规律继续分析，图2的左眼与右眼合并，并不是图3的左眼，反而图2的右眼是图3的左眼，图3的右眼则是新出现的图形。

图2　　　　　　图3

　　按照这个规律推理，发现后面的图片都符合规律，也就能轻松得出答案了。

规律：

图1左眼+图1右眼=图2左眼

图2右眼=图3左眼

图3左眼+图3右眼=图4左眼

图4右眼=图5左眼

图5左眼+图5右眼=图6左眼

## 逻辑思维闯关训练——第11关

答案:35

这类题目很简单，只需要计算出每一个符号的数值，就可以轻松计算出答案。接下来，我们一步步推导。

我们先从第四行推导：$4\square=48$，$\square=12$

第三行：$3\otimes+\square=21$，即$3\otimes+12=21$，$\otimes=3$

第二行：$2\otimes+2\#=40$，即$6+2\#=40$，$\#=17$

第一行：$\#+3\stackrel{\wedge}{\approx}=?$

再来从第一列推导：$\#+2\otimes+\square=17+6+12=35$，验证无误。

第二列：$\stackrel{\wedge}{\approx}+\#+\square+\square=\stackrel{\wedge}{\approx}+17+24=47$　　$\stackrel{\wedge}{\approx}=6$

至此，我们已经可以计算出"?"处的答案了。

? $=\#+\stackrel{\wedge}{\approx}+\stackrel{\wedge}{\approx}+\stackrel{\wedge}{\approx}=17+18=35$

## 逻辑思维闯关训练——第12关

答案:

## 逻辑思维闯关训练——第13关

答案：小猴子的角度，每一次向右变化45度，规律如下：↑，↗，
→，↘，↓，？那么，"?"处应该是↙，因此答案是F。

## 逻辑思维闯关训练——第14关

答案:

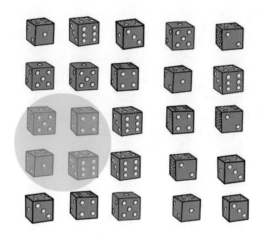

## 逻辑思维闯关训练——第15关

答案:

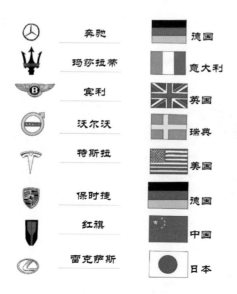

## 逻辑思维闯关训练——第18关

答案：

美国-自由女神像　　法国-埃菲尔铁塔　英国-大本钟

比利时-撒尿男童　　丹麦-美人鱼　　澳大利亚-悉尼歌剧院

## 逻辑思维闯关训练——第19关

答案：

| 图片 | 英语 | 首字母在字母表中的位置 |
|---|---|---|
| | television | 20 |
| | scarf | 19 |
| | bee | 2 |
| | plane | 16 |
| | monkey | 13 |

## 逻辑思维闯关训练——第20关

答案:B

B

　　这道题很容易，乍看起来手臂与腿部的动作都在变化，但实际上分析的时候，要么分析手臂的变化，要么分析腿部的变化，都可以帮你迅速找到答案。

　　很多小朋友之所以没能在限时之内完成，就是因为想得太复杂了，把手臂与腿部的变化都考虑进去了，因此浪费了宝贵的时间。

## 逻辑思维闯关训练——第21关

　　我们来分析一下，一共5张卡片，麦斯与安琪各自拿一张，当小凹老师问麦斯，他的卡片上的数字比安琪大还是小的时候，他的回答是："不知道!"

他绝不可能拿到哪两张卡片呢？我们一步步进行推理。

如果麦斯拿到的是卡片1，也就是最小的那张卡片，那么他肯定会知道自己拿到的卡片比安琪的小，也就不会说自己不知道了。

同样的道理，如果麦斯拿到的是卡片5，也就是最大的那张卡片，他也不可能说出"不知道"，因为他的卡片肯定比安琪的大。

所以我们可以判断，麦斯手里的卡片绝对不会是1和5。

## 逻辑思维闯关训练——第22关

答案：D

接下来我们用最笨的方法验证，就是对着镜子逐一排除：

A.

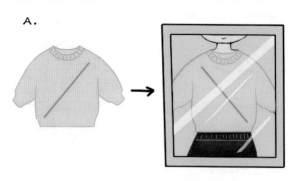

斜杠左右相反

B.

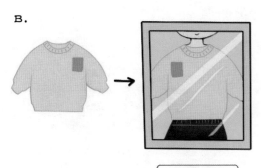

衣服口袋
左右相反

C.

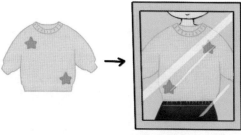

五角星
左右相反

D.

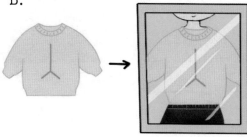

完全一样!

## 逻辑思维闯关训练——第23关

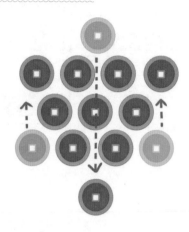

## 逻辑思维闯关训练——第24关

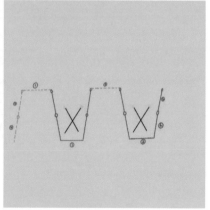

## 逻辑思维闯关训练——第25关

答案:21块。

解析过程如下。

薄荷糖还剩下5块,3角/块,总价1.5元。

9.5-1.5=8（元）

巧克力还剩几块不知道，但它最贵，所以可以放到最后。

果冻还剩5块，5角/块，总价2.5元。

8-2.5=5.5（元）

棒棒糖还剩6根，5角/根，总价3元。

5.5-3=2.5（元）

草莓夹心还剩4块，4角/块，总价1.6元。

2.5-1.6=0.9（元）

还剩0.9元，而巧克力是6角/块，即0.6元/块，也就是说只能买1块巧克力。所以一共能购买的糖果总数是：5块薄荷糖+1块巧克力+5块果冻+6根棒棒糖+4块草莓夹心=21块。

## 逻辑思维闯关训练——第26关

答案：麦斯琢磨了半天没有想出答案，不过他很快想到利用思维导图进行分析。于是，麦斯选择了树形图，将两种袜子分别列出来：

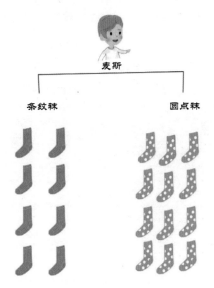

通过树形图分析之后，答案一目了然。条纹袜与圆点袜的比例是2:3，于是麦斯先画两双条纹袜，然后再画三双圆点袜，直到画满20双为止。

那么答案已经显而易见了，条纹袜的数量是8双。

## 逻辑思维闯关训练—第27关

答案：已知其中一个在说谎，但是不知道另一个是否也在说谎，针对这种情况，我们可以借助思维导图，对每一种可能性进行验证，如下图所示。答案一目了然——胖虎是哥哥！

思维导图是一种非常强大的逻辑思维工具，建议进行系统的学习。

推荐书：宋莹所著的《思维导图从入门到精通》，北京大学出版社。

## 逻辑思维闯关训练——第28关

答案：D

只要找到规律，这道题很快就能得出答案。通过观察不难发现：中间的图形−左边的图形=右边的图形。

答案也就一目了然了。

## 逻辑思维闯关训练——第29关

题目有一定难度，所以我们给出了线索。可以先按开关1开一盏灯，一段时间之后，等灯泡变得足够热了再关掉。

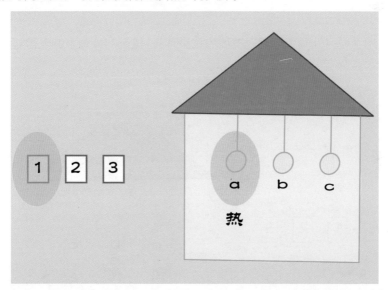

这时，按开关2打开另一盏灯，然后进门。亮着的这盏灯就是开关2控制的，如下图所示。

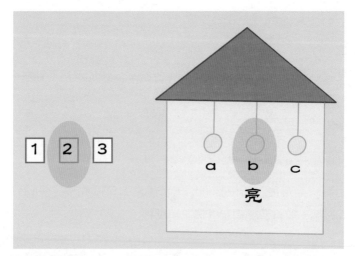

用手摸另外两个灯泡，发热的就是开关1控制的，剩下的一盏灯也就确定了。

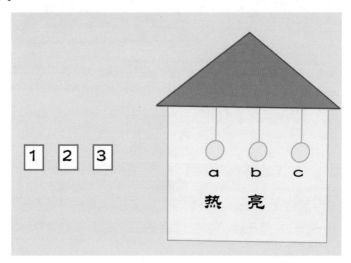

## 逻辑思维闯关训练——第30关

答案：可能性为五分之一。

这道题我们通过简单的思维导图予以呈现，如下图所示。

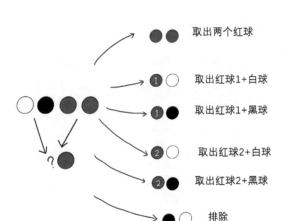

取出两个红球

取出红球1+白球

取出红球1+黑球

取出红球2+白球

取出红球2+黑球

排除

根据题意，麦斯取出的两个球，其中一个是红色的，那么黑球+白球的选项自然就被排除了。在剩下的5种可能中，取出两个红球的概率则是五分之一。

## 逻辑思维闯关训练——第31关

此题一共有两种方法，我们介绍最常规的一种，答案如图所示。

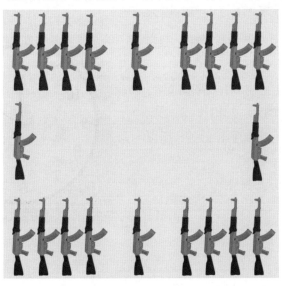

## 逻辑思维闯关训练——第32关

1.蜘蛛侠经过快速思考，发现人质根本没有生还的机会，这也是凶犯狡猾的地方，如果有人成功将其中3组搭配起来，那么第4组自然也会搭配起来，回想一下凶犯的原话："你们只需要将其中3组搭配起来就可以生还。记住，只有3组哦!"

没错，"只有3组"是关键信息，即便有人成功搭配，也是完成了4组，而凶犯强调的是3组，所以他很有可能会大开杀戒。

2.作为蜘蛛侠，应该配合警方及时行动，而不是等待游戏结束，这样才能尽量减少伤亡。

## 逻辑思维闯关训练——第33关

首先柯尔特左轮手枪能装6发子弹（大部分左轮手枪都是6发子弹），也就是说每个人只有6次机会。假设每个人都是百发百中的神枪手，只有这样打靶才能恰好拿到100分：16+16+17+17+17+17。

## 逻辑思维闯关训练——第34关

这类题目仔细观察规律，很容易得出答案。

图1时间为：4:00，图2时间为：3:20，图3时间为：2:40

每次时间都倒退40分钟，所以图4时间应为：2:00

## 逻辑思维闯关训练——第35关

解答这类题目的关键点就在于找规律，由于这道题的图形迷惑性不强，除了"直角"这个点，几乎没有其他共性。通过分析可知如下信息。

第一个图：2个直角。

第二个图：？

第三个图：6个直角。

第四个图：8个直角。

因此答案应该选择D（4个直角）。

## 逻辑思维闯关训练——第36关

实际上，警方只需要通过排除法就可以计算出答案。读者在做题的时候可以逐一尝试，如按顺序尝试，第一桶（30L）+第二桶（32L）=62L，第二个人买走的酒是第一个人的两倍，也就是124L。

再看题干，蜘蛛侠说"那么剩下的那桶酒里面就装着违禁品"，也就说第二个人买走了3桶酒。尝试之后，发现无法得出124L的答案，因此排除。

接下来，尝试第一桶（30L）+第三桶（36L）的组合，

第一个人买走的是30L+36L=66L……

第一个人买走的是30L+36L=66L。

根据题干，第二个人买走的酒将会是第一个人的两倍，也就是132L。分析之后可知第二个人买走的是：

以上三桶酒加起来刚好是132L。

那么，现在只剩下一桶酒，也就是40L的，违禁品就藏在这里面。

## 逻辑思维闯关训练——第37关

营救路线如下图所示，蜘蛛侠只需要拐16次弯，就可以到达皮特所在的房间。

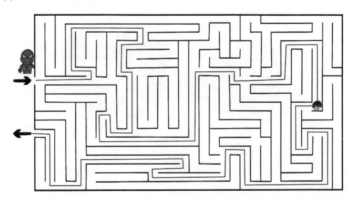